U0258772

家有恶猫

The
Cat Whisperer

猫咪乖不乖，主人说了算

[美] 米歇尔·内格尔施耐德
（Mieshelle Nagelschneider）
著

刘波
译

中信出版集团 | 北京

图书在版编目（CIP）数据

家有恶猫：猫咪乖不乖，主人说了算/（美）米歇
尔·内格尔施耐德著；刘波译. -- 北京：中信出版社，
2023.8
ISBN 978-7-5217-5780-4

Ⅰ.①家… Ⅱ.①米… ②刘… Ⅲ.①猫－驯养
Ⅳ.①S829.3

中国国家版本馆CIP数据核字（2023）第105880号

家有恶猫——猫咪乖不乖，主人说了算
著者： 　［美］米歇尔·内格尔施耐德
译者： 　刘　波
出版发行：中信出版集团股份有限公司
　　　　　（北京市朝阳区东三环北路27号嘉铭中心　邮编　100020）
承印者：北京利丰雅高长城印刷有限公司

开本：880mm×1230mm　1/32　　印张：9.25　　字数：256千字
版次：2023年8月第1版　　　　印次：2023年8月第1次印刷
京权图字：01-2023-3677　　　　书号：ISBN 978-7-5217-5780-4
　　　　　　　　　　定价：59.00元

献给我已故的父亲，布莱恩，
他以亲身经历告诉我如何在动物中
给予和体验无条件的爱。

上帝创造了猫，

以给予人类抚摸老虎的快乐。

——费尔南德·梅里

目录

序言 1

那是一个星期二，早上 6 点 15 分，我被闹钟收音机吵醒，天气预报说那天俄勒冈州的波特兰又将是一个阴雨蒙蒙的大风天。我躺在床上，听到雨滴落在屋顶上，还有我的三花猫法拉利的声音，它在卧室地板上一个拆开的衣服箱子后面跑来跑去。我做兽医还不到四个月，还没有时间收拾行李，把家里完全安顿好。早上我在厨房吃着英式松饼、喝着咖啡的时候，看到法拉利拖着一个几乎空了的英式松饼袋子跑过大厅。"嘿！给我拿回来！"我笑骂道。

早餐后，就在我把东西扔进卡车准备前往兽医诊所时，我的寻呼机响了。我拿起手机给诊所打电话。作为一个刚毕业的学生，我的脑子里不停地想着可能发生的事情——中毒？外伤？需要手术吗？办公室经理梅兰妮接听了我的电话，"嘿，沃克先生和软糖在这里，他想马上和你谈谈。"

"软糖还好吗？"我问。

"它看起来很好，"她说，"但沃克先生心情又不好了。"

我能听到她在电话里叹息。这是个多少令我有些沮丧的医疗案例，我沉思着，驾车前往兽医诊所。沃克先生来兽医诊所好几次了，因为他的猫软糖一直在猫砂盆外撒尿。

20 分钟后我到达诊所，冒着倾盆大雨疯狂冲向诊所后门。穿上白大褂，我瞥见沃克先生在候诊室里来回踱步。当接待员带沃克先生进入其中一间检查室时，我可以看出他很沮丧。我带着只有刚毕业的学生才有的那种热情和乐观走进房间，"嗨，沃克先生，"我跟他打招呼道，"软糖最近怎么样？"

他目不转睛地盯着地板，说："我想让它安乐死。"

他说这话的时候，检查桌上约 8 千克重的软糖正靠在我身上蹭来蹭去，还不断发出呼噜声。我大吃一惊，问："为什么？它病了，还是出了什么问题？"

事实恰恰相反，它根本没有生病，软糖是一只四岁大的布偶猫，美丽、健康且有魅力。

"是的！"沃克先生一脸愤怒地回答，"肯定是出了什么问题。昨晚，它尿在了我全新的笔记本电脑上，3000 美元就这么没了！"

我告诉他，我对他的新笔记本电脑被尿这件事感到很遗憾，但给一只完全健康的猫实施安乐死并不是解决方法。我补充道，软糖之所以在电脑上小便，很可能是因为它看到沃克先生花了太多时间在电脑上，它只是想让自己得到一些关注。

"舒尔茨医生，你已经做了所有的检查，甚至尝试了一些药物，可你没发现软糖有任何问题，对吗？"

"确实是这样，"我回答，"但这是行为问题！"我脱口而出，听起来更像是辩护律师而不是兽医。

"嗯，你能治好它吗？"沃克先生问。

我再次解释，行为问题更复杂，需要时间。我们可以尝试不同的药物，也许阿普唑仑或百忧解会有帮助。当我滔滔不绝地讲起药物治疗，以及我在学校学到的关于猫科动物行为的知识时，沃克先生平静地抱起软糖，把它放进背包里。他出门离开前，回头看着我说："医生，你已经做了你的工作，这只猫就是疯了。如果你不给它安乐死，我只能把它扔到树林里的某个地方，然后它就可以随意撒尿了。"这是我最后一次看到沃克先生和软糖。

可悲的是，软糖的故事绝非个例。据报道，美国每年有 400 万~900 万只猫被实施安乐死。正如我亲眼看到的，其中很大部分不是由于医学问题，而是由于行为问题。当你有一只猫正在破坏你的新家具，或在家里乱撒尿，或攻击你养的其他猫，而你无法确定原因时，整件事会令人非常沮丧，而我们对这些问题的反应则可能会让事情变得更糟，因为这可能会给猫咪更大的压力，从而可能导致进一步的问题。因此，许多客户感到很绝望，他们无法继续忍受这些有时非常具有破坏性和伤害性的行为，最终或者弃养让这只猫自谋生路，或者把它交给收容所，或者选择让它安乐死。只有先了解猫的行为，未来我们才有可能真正改变它们的行为。这也正是米歇尔·内格尔施耐德的工作。

软糖的遭遇发生在 1998 年，五年半之后，我才有幸见到米歇尔。当时，有许多研究和项目旨在解决狗的训练和行为问题，但类似的关于猫的研究却少得多，即使在今天也仍然如此。一直以来，狗已经被训练用于执行各种任务，从拉雪橇到灾后救援。但是，许多人认为猫太难被训练，几乎不可能改变它们的行为模式。简言之，在我们的印象中：狗想要取悦他者，猫想要取悦自己。

然而，米歇尔告诉我，我们关于猫的许多想法都是错误的。说实话，最初我对她有点怀疑。她会带着一只或多只宠物来我的兽医诊所，我们最终不可避免地会谈论到猫的行为和在每个多猫家庭中复杂的"社会结构"。她会主动提出帮助我处理行为案例，尽管我认为她的想法很有趣，但我会礼貌地拒绝。然而，在与她讨论几次后，我发现我自己和我的工作人员向她咨询的一些有关猫科动物行为案例的建议非常有用。很快，我开始把有行为问题的猫的主人介绍给她。她一次又一次地证明，她拥有与猫沟通的独特能力。要做到这一点，我们必须真正深入这些动物的内心，以它们所见的方式看待世界，并真正学会像它们一样思考。

多年来，米歇尔发展并完善了她像猫一样思考的独特能力，这本书第一章将向你介绍这一理念。在许多场合，我见证了她如何给猫以及被猫所困扰的主人们带来多么有益的改变。

当将她的行为建议和兽医制订的计划联合应用时，正面效果总会倍增。在第六章中，她强调了定期到兽医诊所检查的重要性，以及排查潜在的因医疗原因导致不良行为的必要性。从口腔疾病引起的疼痛到尿路感染，许多行为问题都有医学解释。兽医是最能帮助你确定你的猫是否健康的人。一旦确定了你的宠物在医学上是健康的，现存的问题是行为问题，你就可以开始使用米歇尔在此书中提供的一种或多种技术来开始宠物行为矫正的过程。从最基本的随处便溺问题，到更复杂的过度梳理、具有攻击性和破坏性行为等问题，不管多么让人痛苦，米歇尔都可以帮助你解决，从而让你与猫咪建立更快乐、更有价值的关系。

我非常高兴米歇尔能够写这本书，当她要我为此书撰写序言时，我感到很荣幸。我相信，这本书将极大地增加人们对猫行为的理解，不仅会提高猫咪们的生活质量，也能提高它们主人的生活质量。如果 1998 年就能有像这本书一样的资源可用，也许沃克先生就可以利用这本书中提供的一些方法来解决软糖的问题并继续和谐地生活在一起。作为一家宠物诊所的老板，我将向我所有的客户推荐这本书。谢谢你，米歇尔！

小詹姆斯·R. 舒尔茨

我总是说，如果有一个瓶中精灵能满足我一个愿望，这个愿望一定是：让我的三只猫都有一天的时间能够说话。在与猫共同生活的近 15 年里，我发现它们如此迷人、可爱且有趣，如果它们愿意，它们可以成为体贴的超级甜心。但它们又让人捉摸不透，我想问我的老大斯嘉丽："你为什么这么喜欢舔塑料袋？"问我的老二瓦实提："你为什么总爱喝我杯子里的水？那和你碗里的水明明来自同一个水龙头。"我的老幺荷马，自几年前它学会使用马桶后，便会交替使用马桶和猫砂盆，而我到现在也没有摸清楚规律。有时我想问问它："为什么非得挑今天，挑这个时候，在我化妆的时候进来用马桶？"

作为一个作家，我相信神秘与美丽相伴。在生活中，我们喜欢甚至喜爱任何我们能够解释清楚的事物（我喜欢这些运动裤，因为它们非常舒适！），但那些改变人生的伟大的热爱——不论是食物、绘画还是人，总是带有一种未知的色彩。人与猫之间的关系也基于这种神秘感。我总是认为，之所以有"猫女"而没有"犬男"这种刻板印象，是因为犬比较容易理解。狗和人一样，都是群居动物，因此，当狗和人待在一起，往往会形成一个类似小社会的团体。但猫不是群居动物，所以猫和人之间的关系没有那么简单。猫不大可能把取悦我们放在首位，它们的各种行为会让我们喜欢见到它们，并与它们为伴，但那并非为了取悦我们。晚上，猫依偎在我们的枕头边上，发出满意的呼噜声，而我们可以拥抱它、抚摸它，听它的呼噜声，但猫其实只是因为满足了自己的快乐而出现在这里。很多时候，我们只能揣测它们的真实想法，或者干脆接受它们的爱与陪伴，不问原因。

不知为何，人与猫的关系是神秘的，而在这神秘之中蕴含着不可思议的美。

身为作家，我喜欢赋予神秘、美丽和爱以诗意，这一切都很美好。但偶尔，这种神秘会妨碍我们的日常生活。有时，猫的行为不再迷人且神秘，而变成了恼人的破坏，对我们的个人财产，以及和猫同居的人和动物都构成威胁。我们如果完全不理解猫咪的动机，很难在不生气或者不伤害到它们的情况下制止这些行为。

这是我在爱与神秘交织的十多年养猫生涯中学到的一课。当时，我和一位男士坠入爱河，我决定嫁给他，于是带着我的三只猫一起搬进了他家。我的未婚夫劳伦斯此前从没有和猫一起生活过，但我以我十多年的快乐养猫经历真诚地向他保证，一切都会很好，他甚至不会感觉到它们生活在这里。

恋人之间偶尔撒的小谎是否有神守护？如果没有，这个守护神很可能是只猫。

有的猫很容易适应环境变化——瓦实提就像一位有着雪白长毛和碧眼的美丽女士，看起来就像刚下了高端猫粮广告的片场，它一眼就爱上了劳伦斯。而劳伦斯也同样被这个很快就亲近他并讨好他的充满异国情调的动物给迷住了，这实在令人愉快。

但我还有两只猫，其中一只对新环境的适应程度就差多了。斯嘉丽是一只灰色的虎斑猫，无论从外貌还是举止，它都完全符合那些讨厌猫的人对猫的刻板印象：像个帝王一般喜怒无常、独立且冷漠。它将爱和温柔全都给了我，对其他企图抚摸它的人报以爪牙。

斯嘉丽虽然不能决定它和谁生活，但它可以决定，这个不得不与它共同生活的陌生人无权抚摸它、接近它，甚至无权与它共享生活空间。它专横，习惯于我行我素，每当劳伦斯走近它，或从它身旁经过，它就会像对待我另两只猫那样，抓挠他，并发出威胁声，甚至在劳伦斯起夜时攻击他，这让劳伦斯备感紧张。

最后，第三只猫是我的宝贝荷马。它生来失明，因此比另两只猫更加敏感。当它感受到劳伦斯质问我为何不惩罚斯嘉丽出格的举动时的愤怒，以及劳伦斯与斯嘉丽之间剑拔弩张的气氛时，它的情绪也急转直下。

家里的气氛越紧张，荷马也越紧张，因此它会去追赶斯嘉丽，并因为斯嘉丽是导致家庭关系紧张的根源之一而表现出更加强烈的攻击性。荷马的步步紧逼也让斯嘉丽变得更紧张，并试图通过抓挠劳伦斯来获得安全感。这是个没完没了的恶性循环，而我和劳伦斯除了说一句"太糟糕了"之外别无他法。

之后的几个月，我们兜兜转转，最终看到了一篇有关米歇尔·内格尔施耐德的文章。这篇文章称她为"猫语者"，并且讲述了一些令人啧啧称奇的故事。在这些看似毫无希望的案例中，有着数十年经验的猫行为学家米歇尔介入并耐心帮助那些主人解决了一切灾难性问题，从猫在错误位置小便（如果我没记错，有个案例中的猫会在主人睡觉时尿在他脸上），到猫对其他猫甚至对其主人进行攻击。

我迫切地想找到一个可行的办法来改善家庭现状，于是我找到了米歇尔的网站，并安排了一次咨询。米歇尔告诉我，我要做的第一件事情就是在家里喷洒一种合成信息素，这种信息素有一定镇静作用，会使猫咪们更加放松，从而减少攻击性。虽然这不能解决劳伦斯和斯嘉丽之间的所有问题，但至少缓解了斯嘉丽和荷马之间的某些矛盾。

她的第二个建议是缓和猫之间的紧张关系，这是我闻所未闻的。她称之为"促进关系的相互梳理行为"，并耐心地解释道，我需要学习成为我的猫之间的"社交促进者",为猫营造一种减少彼此敌意、增加好感的"群体氛围"。接着,米歇尔提供了非常详细精确的指导,就是你将在这本书中看到的"内格尔施耐德方法"。

米歇尔的第三个建议是让劳伦斯开始参与猫的喂养,从而增进他与猫之间的关系。如果劳伦斯每天喂它们一两次,可能有助于斯嘉丽区分"有威胁的人类"(即除了我以外的所有人)和"提供食物的人类"。这样做的目的是让斯嘉丽不再视劳伦斯为威胁,而将其视为提供食物的人,当然还不能奢望劳伦斯和斯嘉丽就此成为朋友,但至少可以让斯嘉丽尊重和信任劳伦斯,而不是在他每次经过时抓挠他。

米歇尔提供了许多建议,其中有些看起来简单得令人难以置信。为什么之前我自己想不到这些?无疑,我是从一个沮丧的宠物主人的角度出发思考问题的,而米歇尔则是站在猫主人的处境用猫的思考方式来解决问题。

结果,短短几周内,米歇尔建议的干预措施就奏效了!那段日子,斯嘉丽虽然并没有完全喜欢上劳伦斯,但它已经开始容忍并勉强尊重他了(对斯嘉丽这样的猫来说,这已经是个巨大的让步了)。比如,当劳伦斯偶尔从它身边经过时,它依旧可以安稳地趴着睡觉;甚至当劳伦斯晚上回到家时,它还会去蹭他的脚踝。

在家中的紧张局势缓解后,荷马也不再具有攻击性,它又重新开始和斯嘉丽愉快地玩耍了。现在,家里的猫和人都过上了平静开心的生活。一年前,我们结婚了,在婚礼上,劳伦斯还用每只猫的照片为它们各自制作了巨幅海报,来向客人介绍他最爱的三个"新欢"。

尽管如此,对于我们大多人来说,猫仍然神秘且诱人,让人捉摸不透,欲罢不能。少数人具有理解并揭开猫心灵之谜的天赋,米歇尔就是其中之一。如果在我刚搬进劳伦斯家时就有幸和现在的你一样拥有这本书,就可以避免我丈夫、我的猫以及我自己那几个月的沮丧与紧张了。

爱源于神秘,猫同样因其神秘莫测而招人喜爱。但如果能向猫的神秘中投射一点光明，那真是最大的幸事了。米歇尔·内格尔施耐德就是那位提灯人，让她与你共享这光亮。

——格温·库珀[①]

---

① 美国作家，长期投身公益事业，服务于动物救援组织、儿童福利机构等。著有《盲猫荷马的生命奇迹》(*Homer's Odyssey: A Fearless Feline Tale, or How I Learned About Love and Life with a Blind Wonder Cat*)。

引言

　　我曾和多才多艺的"铲屎官代言人"谢霆锋共同主持了宠物观察纪实节目《家有恶猫》，从中我了解到，中国的猫主人和世界各地的大多数猫主人一样，都渴望了解有关猫的行为知识。节目中的猫主人不仅想学习如何解决他们正在面对的令人沮丧的猫行为问题，还非常希望能够更加了解猫的行为，帮助它们过上更幸福的生活。近年来，我发现猫和其他宠物的情绪状态对宠物主人越来越重要。节目中的一位猫主人如此说道："我非常爱我的猫，我必须真正了解和理解它们的行为，才能给它们最好的生活。"

　　有关动物行为的研究相对新兴，大约只有 100 年的历史。而与对狼和家犬的行为研究相比，对猫的行为研究发展得更晚。许多年前，我在哈佛大学的一堂动物行为课上第一次意识到这个问题，当时满屋子都是犬类行为学家和兽医，只有我一个猫行为学家。我之所以选择这个职业，正是因为我看到当前猫行为学家的稀缺，宠物主人缺少获得有关帮助的资源与途径，这也是我写本书的原因。目前专为猫主人准备的能一步一步地指导他们解决常见的或复杂的猫行为问题的书还很少，更不用说以最新的猫行为研究为基础的书了。尽管在世界许多地方，猫已经成为最受欢迎的宠物，但仍缺少充分的猫行为学研究，人们也无法轻松获取正确的行为知识。这意味着很多猫都被误解了，我们试图用人类的想法去解释这些"毛孩子"的行为，结果失去了真正理解它们的机会。这可能会对猫造成伤害，它们被虐待，被送到收容所，被遗弃，或遭受更糟糕的命运。这些悲剧性的结果尤其令人遗憾，其实只要得到正确的帮助，猫的行为问题就可以解决。

许多猫主人告诉我，他们欣赏猫的美丽，但无法理解它们的行为。在本书中，我想你会发现，猫之所以神秘，是因为你缺乏对其野性以及相关行为的理解。猫是无情的自然法则下完美的幸存者，它们的行为也反映了这一点。希望本书能引导你去理解猫的本能，去更好地理解、训练和爱它们。

我是如何学着读懂猫的

（莫格里）与狼崽们一起长大……狼爸爸教会了他一些重要的事，以及丛林中各种事物的意义，草丛中的沙沙声、温暖夜空中的每声呼吸、头顶盘旋的猫头鹰的每声鸣叫、在树上栖息的蝙蝠留下的每处抓痕、鱼跃池塘时的每声水溅，这些在他心中与生意人的工作一样充满意义。

——鲁德亚德·吉卜林，《丛林之书》

也许你是出于对猫的喜爱和兴趣而阅读这本书，又或者，你对你的猫已束手无策。比如，它刚刚尿在了你男友昂贵的新鞋上，或是一直在猫砂盆外小便，又或是抓坏了你全新的沙发。你对猫大喊大叫，打它或是朝它扔东西，你已竭尽所能，又担心是否在虐待猫咪，从而导致它现在的行为问题；你担心它永远也改正不了这些毛病，导致你将不得不面临两难的选择：放弃你的男朋友或是你最爱的猫。这本书会帮助你了解你的猫，明白它的行为动机，让你知道你的哪些举措导致或加剧了它的行为问题。我将用我20多年的经验为你提供易于实施的解决方案，以帮助你、你的猫以及你的家庭成员可以幸福地生活在一起。

如果你养了不止一只猫，我可以向你保证，它们会变得更加亲密，进而更加融洽地生活在一起。从未给另一只猫舔过毛的猫会开始给别的猫舔毛，分开睡的猫会挤在一起睡。你的猫会变得更自信、更合群、更放松、更安全，简而言之，更像猫。我的客户告诉我，与第一次向我咨询时相比，他们的猫现在完全变了：它们不再相互示威或相互攻击，而是闲适地在家中溜达或依偎在一起。

实际上，一种行为疗法就可以解决几乎所有的猫行为问题，基本不需要吃药，更不需要安乐死这种极端手段。在大多数情况下，这种行为疗法对猫的帮助是高效、自然、人道且持久的。平均而言，只需要大约30天，就能改变一只猫的行为。

准备好了吗？让我们从苏珊和娜达的案例开始。

娜达是一只娇小的银色虎斑猫，它的一条腿上有道很深的伤口。它住在西雅图富裕郊区的一栋豪宅里——一座庞大的现代主义建筑，外墙漆成光滑的灰白色，坐落在那片区域最高的山丘上。当苏珊为我打开门时，我看到室内也延续着极简主义风格：拱形的天花板、巨大而空旷的刷着白墙的房间，以及草绿色的地毯，宽敞的客厅里除了一张沙发，再没有别的东西。在见到娜达之前，我就知道它可能是一只非常缺乏刺激的猫。

所谓的"家养猫"在本质上其实仍然是野生动物，但娜达现在只是它那喜欢极简主义美学的主人用来填充房屋的一件道具。我想起了《猫和老鼠》当中的一集，一条售卖机械猫的广告宣传其产品"无须喂食，不会掉毛，没有烦恼"。换言之，这也不再是猫。而娜达现在的处境则像是一个被判处终生单独监禁的囚犯。

当娜达走进客厅的时候，与巨大的空间相比，它显得十分娇小。它起初有点害羞，但很快就和我亲近起来，它走近我、靠近我并蹭我的小腿。我知道它想说什么："我要把我的气味留在你身上（同时留住你的一些气味），这样我会更放松。如果我不信任你，我会在远处蹭椅子腿来缓解我的紧张。"

我伸手抚摸娜达的脸颊，对它说"谢谢，娜达"。

娜达走到客厅稍远的地方，苏珊开始和我闲聊。当我再次看向娜达时，它已经扑通一声趴下，舔它那条已经没有毛的、发炎的腿。苏珊看着我，耸了耸肩。在我俩之前的通话中，她将娜达受伤的腿描述为"生肉"。她并没有夸大其词，娜达用它粗糙的舌头在它自己的大腿上舔出了一个 10 厘米长的开放性伤口。苏珊带娜达去看过兽医，兽医告诉她这不是单靠医学治疗就能解决的问题——病因并不是食物或皮肤过敏。实际上，这是行为问题。可怜的娜达表现出的正是一种典型的强迫行为——过度梳理。

自我梳理本来是猫缓解压力的一种方式，而过度梳理的猫常常会舔掉它们的毛。过度梳理是猫的几种强迫行为之一，通常因受挫（有想做却不能做的事情）或内部冲突（想要两个相互排斥的东西）而经历反复或持续的压力引起。就像人类会暴饮暴食或有其他形式的上瘾行为，猫也会将焦虑转移到能暂时缓解焦虑的行为上。在大多数情况下，过度梳理会导致局部脱毛至只剩绒毛甚至完全无毛——有时是一小块区域，有时会涉及猫的整个胸腹部，但很少会严重到像娜达这样出现实际损伤或伤口。它的情况是我所见过的最糟糕的。现在我得弄清楚为什么娜达的压力如此之大，并在它对自己的腿造成永久性伤害之前解决这个问题。我现在需要找到并改变使娜达出现过度梳理行为的环境触发因素，并帮助它将注意力从强迫行为中转移开来。

我开始在这个空旷的家中搜寻线索。我发现，目之所及一个猫玩具都没有。事实上，你几乎看不到任何东西，这座房子的装潢完全没有考虑到猫的兴趣。当娜达坐下来舔它的腿时，苏珊会对它轻声低语并走过去抚摸它。我让苏珊和娜达一起玩，想看看她们如何互动，结果我意识到苏珊并不知道如何正确地与猫玩耍：她在娜达够不到的地方快速地挥舞着逗猫棒（要了解如何让猫完成一系列狩猎行为，请参见第五章）。最重要的一条线索则是苏珊在家里收养了另一只猫后娜达才开始出现过度梳理，另一只猫和娜达相处得并不融洽，所以这两只猫目前被放在不同的楼层喂养。

直指娜达问题根源的这几条线索都在提示我，现在必须做出改变的不是娜达，而是苏珊。两只猫的紧张关系让娜达产生了应激反应，而苏珊需要帮助它们学习如何友好相处。为了让娜达的生活充实起来，让它缓解紧张并转移注意力，苏珊必须改变这个完全不能引起娜达兴趣的环境，以及她和猫互动的方式。此外，当娜达舔自己时，苏珊也不能过于关注它。

我向苏珊解释了猫的行为动机，并帮助她意识到是什么导致了娜达的行为问题，之后，她严格按照我的 C.A.T. 计划为娜达和另一只猫创造了一个更刺激、更有趣的环境，并以更有效的方式与它们玩耍。苏珊还运用了我独创的内格尔施耐德法（详见第四章，该方法旨在让两只不友好的猫重归于好），让它们重新开始成为好朋友。幸运的是，几周之后，娜达变成了一只更快乐的猫，又过了几周，它不再过度梳理自己，腿上的伤口也开始愈合。

我之所以能够和娜达一起完成从诊断到行为治疗的工作，是因为我知道如何通过猫的视角看世界，如果你也学会用猫的视角看世界，你也可以做到。

对我来说，从我牙牙学语的时候就开始试着这么做了。

我家与宠物的缘分

我来自一个与动物相亲相伴的家庭。我母亲的叔叔和祖父来自俄勒冈州东部的约旦河谷，一位是牧场主，一位拿过牛仔竞技比赛的奖杯。我父亲的姑姑和姑父都是马术特技选手，他们深爱着他们的马，而他们的儿子和孙子现在还是加利福尼亚一家特技制作公司的老板，与动物们合作密切。

在我的家乡俄勒冈州雷德蒙德市，我的姑妈维姬一直饲养着托根堡山羊，这是已知最古老的奶山羊品种，它们源自瑞士一处与之同名的山谷。维姬姑妈也养了真正的宠物猫，就是住在房子里的那种。每个星期天，我们一家人都会去维姬姑妈家，我会和猫玩上一整天。其中一只叫艾尔西的猫不喜欢被抚摸或抱着，我的堂姐萨曼莎提醒我："米歇尔，艾尔西爱咬人。"但我发现，其实可以抚摸艾尔西——只是时间不能长，你必须留意那些表明它已经受够了的反应。所以我只抚摸它一会儿，在看到它的耳朵往回缩或甩尾之前就停下。萨曼莎向所有人吹嘘我和艾尔西有着神奇的互动，但我知道我只是以艾尔西喜欢的方式抚摸了它，并在它不耐烦之前停了下来。这是我五岁时就学到的第一堂课：你不能让猫做你想做的事，但你可以稍微改变自己的行为以获得让你们俩都开心的结果。

在农场

在其他孩子面前，我总是表现得有点内向和害羞。但幸运的是，我住在俄勒冈州中部的高地沙漠中，在那里，我们可以和我家农场的动物一起奔跑，它们成了我的伙伴。我发现，这些动物比我的哥哥或我周围的其他孩子更有趣，也更容易相处。

有多少人会和一只野生蜂鸟成为朋友？

而我真的做到了！那时我大概四岁，当时我正在户外溜达，耳边不断传来振翅的声音。第一次看到蜂鸟时，我还以为是只虫子或蜜蜂，但其他人告诉我，这种绿色且泛着彩虹色的生物是蜂鸟。它从我身边飞过，又在我面前悬停一会儿，好像正试图告诉我什么。过了一会儿，它突然悬停，然后又开始振翅。因为一只蜂鸟跟着我这件事儿，我父亲曾经挪揄我，这让我很尴尬，因为我当时确信他认为这事很荒谬。直到有一天，我听到他向一些来做客的亲戚吹嘘我和蜂鸟的特殊互动，我才意识到这是一件特别的事情。

我的父亲是个生硬、勤奋的人。我唯一一次看到他流露情感，是在动物面前，甚至称得上是温柔。也许这也是我开始喜欢动物的原因之一。父亲养了所有你想得到能在家庭农场中饲养的动物。我说他养着它们，是指他不会让家中饲养的这些动物出现在我们的餐桌上。父亲和母亲都是在牧场长大的，在那里，饲养动物只是为了吃肉。但他太喜欢我们农场里的小牛了，完全不忍心将它们变成餐桌上的牛排，即使这是他买下它们的本来目的。于是，10头小牛长成了10头大牛，并且成了我最大的宠物之一。我们真正拥有的不是一个像我们隔壁邻居那样的普通农场，而是一个大型的宠物动物农场。

当然我们也有马，是密苏里狐步马。我从小就喜欢马，并学会了骑马。我们有一匹名叫辛巴达的落基山马，它因为"不够好"而被送给了我父亲。它的蹄子受伤了，所以跑起来很不舒服。父亲因此认为它对我而言是安全的。马是动物世界绝佳的代言人。养马的人都知道，大型动物有一种特殊的、明显的意识。我站在一匹马旁边，似乎能感知它的觉知和灵魂。

我们还有两只羊，我经常和它们组织野餐；还有许多不同类型的家禽，鹅、鸭子和我一起坐在狗屋里，我还和它们一起在肮兮兮的池塘里游泳（这让我妈妈很苦恼）。鸡也需要我陪它们，我会爬上屋顶和公鸡一起打鸣。

在房子旁边的畜棚里还有一头巨大的公牛。没有人可以安全地靠近它，我的父母多次警告我要远离它。连狗都怕它，但我为它感到难过。所以我想了一个主意：像兔子一样跳进它的畜棚，这样它就不会害怕或被惹恼了。毕竟，我们的谷仓里有兔子，它见过它们，没有谁会害怕兔子或对兔子生气。

我不是疯了，只是因为我那时才四岁。

我拿了一些纸画了两个兔子耳朵，把兔子耳朵涂成粉红色，然后我把它们剪下来，让妈妈把它们贴到我头上。"我需要成为一只兔子。"我说。"真可爱。"她说，把兔子耳朵贴在我的头发上。我知道我必须扮成一只白色的兔子，就像我们谷仓里的兔子一样，所以我用几把棉花球编成尾巴，把它系在我的白色芭蕾舞紧身衣上。

在一个美好而温暖的夏日黄昏，我爬过牛棚的栅栏。我弯着腰低着头，小心翼翼不去直视那头公牛，尽可能像兔子一样，在外围跳来跳去。而它则警惕地看着我，然后站起来向我走来。我停止了跳跃，它巨大的脑袋挡住了阳光，大鼻子伸向我，巨大的淡粉色湿鼻孔张开又收紧，张开又收紧，随后，它在尘土中哼了一声。最后我伸手摸了摸它的鼻尖。

这真是令人振奋。

当我的父母找到我时，我正坐在公牛脚边的泥土里抚摸着它的头，以及它的脖子和喉咙。"米歇尔和那头公牛"的家庭传说在我的童年时代一直在我耳边回响，让我第一次感觉到我有一种特殊的天赋和热情。当然，那时我的父母也被吓坏了。但是为什么我要和一头又大又危险的臭公牛玩呢？因为我父母不让我养猫。

我最期待的动物是猫，可惜我们农场里没有。所以我四岁的时候常常会偷偷穿过马路去另一所房子——我们的邻居在那里为与我年龄相仿的孩子提供日托服务。我去那里不是为了和其他孩子一起玩，而是去和邻居的暹罗猫一起玩。最终托儿所的主人告诉我妈妈，如果我还想继续去那里和猫玩，就必须掏钱。但是我的全职妈妈认为花钱让我去托儿所和小猫玩没有多大意义，所以她不再允许我去那个邻居的家。

所以我开始在邻居家门口的马路上露营。有时，苗条的暹罗猫透过窗户看到我会走到外面接受我的抚摸。我过去时常常会带着一把芭比娃娃的刷子（因为它不感兴趣，所以没多久就不再带它了），那只猫会一边发出呼噜声一边踩我，后来我也不再被允许坐在马路上。

当我四岁半的时候，一天晚上，我妈妈对我说："快来接电话，米歇尔，是圣诞老人！"我穿着睡衣，从她手里接过电话。

"你想要什么圣诞礼物？"电话那边的人说。

"我想要一只猫，"我又强调了一下，"一只真正的猫。"

"一只真正的猫？"电话那边的人带着憋不住的笑意问道，这真烦人。

"是的，一只真正的猫。"

"哦，"他说，"我想你要的是一只毛绒玩具猫吧。"

"我不想再要玩具猫了，我想要一只会呼噜着喝牛奶的猫。"

"我不认为你妈妈会想要在家里养一只真正的猫。"

"可我想要一只真正的猫！"

这样重复了几次后，我意识到不可能有任何进展，随即挂断了圣诞老人的电话。

圣诞节时，我得到了一个巨大的、粉红色的、长得像猫又像豹子的毛绒玩具，那根本不是我想要的。但现在我爸爸不在了，我希望我能留下那只毛绒玩具猫。

我为了争取得到一只真正的猫努力了好几年却一无所获。一年后，我妈妈给我报名参加了一个夏令营，在那里，每个人都发了个本子，让我们写自我介绍，其中有一页是"关于我的一切"，我在上面写道：

我最好的朋友是：我的猫

我最喜欢做的是：和我的猫一起玩

放学回家做的第一件事是：给我的猫梳毛

我最希望实现的梦想是：成为一只猫

我没有瞎编。但我仍然没有养猫，这对我来说是一件非常痛苦的事。然而，我很快就开始了一个秘密的驯猫项目，目标是我们房子后面峡谷中的野猫。

峡谷中的柴郡猫

像很多小女孩一样，孩提时，我曾想成为白雪公主。但我想变成她并不是因为王子，而是想和动物说话。幸运的是，我们的房子坐落在一个浅峡谷的边缘。峡谷内郁郁葱葱，满眼都是绿色，地面也很平坦，那个峡谷是我探索的天堂。峡谷里到处都是野生动物，有鹿、土狼、兔子、蝴蝶和蜂鸟，当然，我们自己的宠物——狗、马、兔子、绵羊和小牛也在那里游荡，邻居家的白孔雀每天也都会光顾那里，它们都是我的朋友。

偶尔，我会在峡谷里看到猫。对我来说，这就像发现了一只独角兽那样罕见且不可拥有的动物，它们才是真正把我吸引到峡谷去的原因。它们从岩石和树木后面探出头来，然后很快就又消失了，就像我父亲和我一起看的《爱丽丝梦游仙境》涂色书中的柴郡猫一样，在黑暗的地方看着我。

有一天，我突然有了一个想法，我要像爱丽丝那样办一个茶会，邀请峡谷里的柴郡猫来做客。在我五岁生日之后，6 月的一个清晨，我带着所有的塑料茶杯和盘子，一张桌布和我的毛绒玩具，以及一些花生酱和果冻三明治来到峡谷，坐在一条小溪旁的平坦火山岩上。我在每个塑料盘子里放了一小块花生酱和果冻三明治，然后和毛绒玩具坐在那里，期待着发生点什么事情。但什么也没发生。

我想也许有了牛奶就能把猫吸引过来，于是我跑回家去拿。当我沿着小路回到那处岩石时，我看到一只浅黄色的短毛猫正坐在一个盘子旁，吃着花生酱和果冻。一只猫！然而，它一看到我就一溜烟跑了。

在接下来的几周里，我意识到，只要我保持一定的距离，让它们越来越放松，并逐渐习惯，我就可以更接近这些谨慎的茶话会客人。但我也知道，有些猫会比其他猫更敏感，只要我一靠近它们就会跑掉。随着时间的推移，当它们逐渐习惯了我的存在，即使是反应强烈的猫也不会跑得太远，而且会更快地返回。

现在回想起来，我确信我们一起发现了用于行为纠正的对抗性条件作用和脱敏方法。对抗性条件作用是指将有吸引力的事物（例如食物）与负面刺激（例如有小女孩在场）配对，从而将动物对刺激的负面感受转变为更积极的感受。几周后，我发现金枪鱼三明治是猫的首选，而在口味测试中，牛奶胜过了所有"酷爱"牌饮料，并且只要不贸然行动，我就可以相对轻松地和这些长有条纹和胡须的朋友坐下来吃饭，而且没有谁会跑掉。过了一段时间，其中一些猫甚至会主动让我抚摸它们。

一年后，我们从峡谷搬到乡下的一所新房子里，我失去了我的柴郡猫。于是，我重新开始了我的找猫行动。"谷仓里的那些猫呢？"有一天，我父亲抱怨道。它们很野性，几乎和峡谷的猫一样狂野，但我从柴郡猫那里学到的东西让我可以和谷仓猫成为更好的朋友，只要我注意到它们喜欢的东西。这是几年密切观察的开始，我模仿它们的行为，试图用它们的思维去思考，通过它们的视角看世界。很快，我就觉得谷仓的那些猫正在成为我的家人。如果我足够早地找到野猫并和它们一起玩，我可以让它们中的一些变得非常友好。当我大约8岁时，邻居们注意到我的谷仓猫非常友好，并开始问我他们是否可以收养一两只作为宠物。我甚至见过我爸爸抱着一只和我玩耍过的猫。

猫的埃及词是mau，意思是"看"。埃及人对猫的眼睛很着迷，很可能是因为他们相信猫可以看到人类的灵魂。

在我 11 岁的一天早上，我看到一只幼小的灰色虎斑猫钻进了我们院子里一根灌溉管里。这根管子里马上就会有水涌出。危险！我大叫了一声，然后低声与猫咪说话，用叶子拍着地面——想尽一切办法想把这只小猫引出来，希望能救它的命，但似乎没有任何效果。然后，我和它对视了一眼，短暂地闭上了眼睛，希望它出来，然后又睁开了眼睛。

那猫慢慢地向我眨了眨眼。

我又眨了眨眼，慢慢地，那只小猫从管子里钻了出来。当我把它转移到安全的地方后几分钟，水便从管子里涌了出来。

出乎意料的是，我的父母看到了我那么高兴，终于同意让我留下它。我给它起名叫"卷卷"，因为它那奇怪的螺旋状的不完整的小尾巴。多年后，我才听到专家解释，慢慢眨眼然后移开视线是猫交流的一种重要方式，但那时我就知道，一只猫对另一只猫慢慢地眨眼表达的是一种满足和放松的状态。也就是说，眨眼的猫一般不具有威胁性。眨眼可以立即让猫放松下来，不再那么戒备。如今，当客户的猫不能从床底下出来时，我仍然使用这个绝招。

当兽医助理的岁月

七年级的时候，我第一次知道还有这样一种职业，可以整天和动物在一起，甚至可以得到报酬。我的朋友杰米让我帮她带她的猫萨兜去看兽医。在那里，一位走进检查室给萨兜量体温的女士让我印象深刻。"你花了多长时间考上兽医学校？"我问她。"我不是兽医，"她说，"我是一名兽医技术员。"兽医技术员，这对 12 岁的我来说真是一种理想但又遥不可及的职业。

时光飞逝。19岁时，我在俄勒冈州波特兰的一所大学学习心理学，并在一家兽医诊所找到了一份工作。尽管其他兽医技术员都比我更有经验，但我很快就发现，当其他人无法将一只猫从笼子里拉出来，或让它在抽血时别乱动时，兽医就会打电话给我。而我仅仅通过触摸猫的身体或解读它的肢体语言，就可以明白猫的感受并相应地调整触摸它的部位和方式。客户和兽医开始要求我和猫一起去检查室。我能够让那些不允许任何人靠近、给它们注射疫苗或修剪指甲的猫平静下来，客户甚至开始询问我是否愿意在他们外出时照看他们的猫。

在接下来的几年里，我学会了进行术前准备、做兽医的手术助手、拍X光片、给猫修剪指甲、接种疫苗、皮下注射、做牙科检查、抽血化验，以及开处方。之后我又去了两个诊所，并被任命为首席兽医技术员，职责是订购所有宠物产品、麻醉剂、办公用品及药物，以及培训新的兽医技术员。

随着时间的推移，越来越多的客户请我在他们度假时帮忙照看他们的宠物。因此，我为那些有特殊需要的猫进行了数千次上门拜访。直到有一天，我终于意识到，不仅要关心猫是否生病了，更要关心它们是否出现了行为问题。于是我决定开办一种新的诊所——猫行为诊所，来填补这一巨大空白。

那天我碰巧接听了一通打到兽医诊所办公室的电话，是一个女人打来的，她痛苦地在当地动物保护协会的停车场外兜圈子。"我的猫泰德在笼子里，"她说，"我不得不弃养它。"她开始哭泣。"你为什么认为你必须弃养它？"我问。"它在房子里到处小便已经八年多了，"她说，"我丈夫说，要么他走，要么泰德走。我已经带它看过周围所有的兽医了，他们都对泰德进行了检查，我也做了他们让我做的所有事情。"

"我能帮你吗？"我说，"你能停车让泰德从猫包里出来吗？"

她把车停了下来，让泰德从它的猫包里出来。很快我便通过电话听到它发出响亮的呼噜声。

"现在它蜷缩在我的大腿上，呼噜呼噜地在我的腿上踩奶。"她说。我很容易想象那个画面。踩奶对猫来说是一种放松，这是一种从哺乳期就开始的行为，当一只小猫有节奏地用前爪在母猫的乳房上踩时，既可以将母猫的皮肤从小猫的鼻子上推开，又可以帮助刺激乳汁流动。猫总是将踩奶与快乐的感觉联系起来。此外，猫不仅在满足时会发出呼噜声，在它们处于应激状态想安抚自己时也会发出呼噜声。

此时的泰德显然是感觉到了不安，我问她为了解决这个问题采取过哪些措施。她说她听从了兽医的建议增加了一个猫砂盆。我问她放在了哪里，她回答："就在原来的猫砂盆旁边。""家里还有其他猫吗？""是的，还有阿诺德。"我又问她阿诺德是否总是坐在通往猫砂盆的地方，她回答它的确经常坐在猫砂盆所在的前厅外面的大厅里。

这就是问题所在。事实上，添加猫砂盆并没有解决真正的问题，即阿诺德与泰德的领土竞争。我建议她把猫砂盆分开放，不是两个，而是三个，且最好放在不同的房间里。我强烈建议她彻底清除泰德经常小便的区域的气味，并告诉她最有效的去味方法。我还向她提供了一些其他建议，你将在接下来的章节中了解这些建议。那位女士向我道谢后挂断了电话。一周后，她回电话说，泰德八年来第一次使用猫砂盆。几个月后，这位女士来到兽医诊所办公室，询问"那个拯救了我的猫和我的婚姻的女孩是谁"。当兽医技术员看向我时，她跑过来拥抱我，告诉我泰德已经彻底改过自新，它和阿诺德第一次相处得这么好。

就在那时，我知道是时候在兽医诊所的工作和为客户照顾猫的副业之间做出选择了。我花了很多时间回答客户的问题并照顾他们的猫，感觉像在做两份全职工作，后者是此前没人做过的事情。所以，在我二十出头的时候，我辞掉了"正式的"工作，开始自己干。从此我只为那些有四条腿，会发出呼噜声的猫咪工作。

猫行为学家：填补猫行为领域的空白

之所以能够帮助到泰德的主人，是因为我运用了在客户家中照顾猫时学到的知识。我的习惯是每天回访一次甚至两次。有时，猫砂盆里会有没清理的大小便，我就会帮忙清理干净，当客户回来时总会感谢我替他们清理了猫砂盆。当时在我看来这只是为他们节省了一些劳动力。但几天后他们会打来电话说："嘿，我的猫不再在猫砂盆外面拉屎了！"这让我知道了一个干净的猫砂盆是多么重要。

我自己也在养宠物的过程中，经过反复试验，学到了很多东西。从小我就经常问自己，如果我是一只猫，我为什么会那样做？比如一只猫在猫砂盆外面小便，我会想，它为什么要那样做？是猫砂盆不好用，是它太胖了进不去，还是有别的猫在旁边虎视眈眈？

经过长期观察，我与它们建立了联系。

我还擅长解读猫的肢体语言，可以立即判断它们现在是否感到焦虑或压力很大，并开始了解它们是因为环境中的某些事情，还是因为其他的猫而感到不安。当我提供上门护理服务时，顺便还成了一名室内装饰师。我对每个客户的房子都做了一些小改动以适应猫的需求。当客户外出长途旅行时，我会做更多的改变。猫因此不再出现之前的行为问题。当主人回家后，往往会惊喜地发现他们的猫有了积极的行为改变，也因此对我愈加信任。多年来，我已经对数千只猫进行了纵向研究，跟踪观察它们以研究周围环境的哪些变化会影响猫的行为。

以一只在猫砂盆外排便一年多的缅因猫为例。尽管我提出了建议，但主人拒绝将它的猫砂盆与食物分开。他坚持认为"它们真的很喜欢浴室里的食物和猫砂盆"。直觉告诉我其实不然。我还建议他给他的猫准备更多更大的猫砂盆，他同样置若罔闻。之后，有一次趁他离开了三个星期，我为他的猫咪们建立了一个"喵托邦"，之后再没有猫在猫砂盆外排便了。

"你做了什么？"他回来时问道。

"我只是遵从了给你的那些建议。"在那之后，他终于照做了。

我并不总是一开始就能找到导致猫出现问题的原因，但最终我发现几乎总是环境的问题。只要改变环境，就能改变猫的行为。

我的许多客户跟我说他们的猫具有攻击性，会咬他们或追逐其他猫。有些人则说他们的猫害羞或胆小，总是躲起来。但是当我重新为猫布置环境后（正如我将会在本书中教你的），它们会因此变得平静且快乐，并且对人和其他猫更加友好。

"我不知道你做了什么。"他们回到家几个小时后打电话跟我说，"这不再是我原来养的那只猫了。它变得如此自信，如此友好，如此深情和充满爱心。你到底做了什么？"

我甚至可以让猫开始玩耍。许多客户郑重地告诉我，他们的猫不会玩，有些人会通过"猫对在它眼前扭动的玩具无动于衷"来说明这一点。但是生存进化似乎让猫认为，任何主动跳到捕食者脸上的东西都是不可食用的，所以为了和猫玩耍，你应该让玩具看起来像是在逃离它们。

经常有客户会告诉我，"我家的猫都在同一个食盆里吃饭"。但我会忽略这句话，根据猫的基本心理将它们分开喂食，特别是当在同一个食盆里吃东西时猫明显会起争斗或看起来不舒服时（这是不寻常的）。回访时，这些猫主人总是会问："它们为什么能睡在一起了？它们以前从未这样做过，你做了什么让它们停止争斗？"实际上，只要消除猫因食物资源引发的竞争，也就消除了相互的敌意。

我花了近 20 年的时间通过电话和上门来解决猫的行为问题，这为我提供了宝贵的实践经验。在过去的 20 年里（不算我童年时对野猫群或我家猫的观察），我已经记录了大约 33 000 小时的猫行为观察报告。这与一个从业 22 年，每年工作 50 周，每周听取 30 位客户自述（而不是更有用地见证他们的行为）的心理学家记录的小时数相同。可以肯定的是，我已经投入了大量的时间，我甚至和非洲薮猫和山猫这样的野猫一起工作过。

猫行为诊所

在过去的十几年里，我一直在经营我的猫行为诊所，致力于通过电话和上门服务研究和解决猫的行为问题。自从诊所开设以来，我已经与来自世界各地的数千名客户和兽医合作。我改善行为问题的成功率（成功意味着全部或部分改善）自然很大程度上取决于我的客户是否听从我的意见，当他们照我说的做时，大多数行为问题的解决成功率接近100%，即使是最棘手的问题成功率也超过90%。

我有幸共事过的大多数兽医都出色而敬业，但行为问题不是他们的专长。让一个非行为学领域的兽医去解决猫的行为问题，就像是去全科医生那里寻求精神病学建议。事实上，那些自己的猫有行为问题的兽医也会常常找我，他们给我发的第一条信息总是带着歉意："你知道，我没有接受过多少动物行为方面的训练。"的确，很少有兽医学校开设专门针对猫科动物行为的课程。大多数动物行为学家则专门研究犬科动物的行为，而对兽医护理人员来说，猫作为世界上最受欢迎的宠物，其本能和行为仍然是个谜。

猫主人生活在信息真空中。事实上，在北美，只有几十个人接受过猫科动物行为训练。在这些行为学家中，有许多只是专门研究那些偶尔会导致行为异常的相关医疗问题。看来，是时候将行为医学，尤其是针对猫科动物的行为医学纳入每所兽医学校的课程了。好消息是，虽然关于猫科动物行为的研究起步较晚，但它终究还是出现了。

这些年来，我有幸帮助世界各地的客户解决他们的猫的行为问题，我热爱我的工作，因为我仍然特别喜爱动物，而且经验告诉我，大多数动物的行为问题都可以轻松解决。目前我养着九只动物，包括六只乖巧的猫（它们是贾斯珀·穆福、蓝色狂想曲、克劳德、巴塞尔姆、约瑟芬夫人和法尔西）、猫的鸟类朋友皮吉奥托、它们的玩伴皮克罗（一只茶杯吉娃娃）和一只名叫"贾兹"的深情的大丹犬。这些动物的纯洁心灵将我带到了下一个主题。

什么是"善终"？猫的安乐死危机

如果能做出一些有意义的改变，那就太好了。

——爱丽丝，《爱丽丝梦游仙境》，刘易斯·卡罗尔

猫出现行为问题，常常等同于患上了绝症。那些因为行为问题而被送到动物收容所的猫面临的最常见的解决方案就是用药物实施安乐死。[1]"安乐死"在希腊语中意为"善终"。我想不出还有什么比这更具讽刺意味和悲剧性的语言误用了——因这些容易预防的行为问题而被赐予的死亡怎么能称得上"善终"。

我永远不会忘记我接到的一个心烦意乱的猫主人丽莎的电话。她告诉我，她已尽一切努力阻止她的虎斑猫珀到处撒尿，它已经毁了两个房子。墙和地板都坏了，甚至家具里也都是尿。

丽莎告诉我，当她看到丈夫在街上跑来跑去，尖叫着追赶可怜的珀时，她知道自己必须做点什么了。所以在打电话给我的前几天，她把珀送去了收容所。然而，在她给我打电话的当天，她正好抓到她养的比熊犬在沙发边上小便，此后她在那些曾经认为是珀尿过的地方都发现了新的尿液。"我一直以为是珀尿的，"她哭泣着对我说，"但对于一只小猫来说，这尿量确实太多了。"她立即给收容所打电话告诉他们"我想重新领回我的猫！"但遗憾的是她并没有把珀送到一个禁止实施安乐死的收容所，所以，那天的早些时候，珀已经被"善终"了。

与其他原因相比，猫更常因不受欢迎的行为而被杀死。想象一下，如果人类的头号杀手不是疾病而是行为问题，结果会是怎样？我们认为这是一种与心理健康相关的流行病。但在美国，每 60 秒就有 4~9 只猫被处死。在你阅读本节的这段时间，大约就会有 6~13 只猫被杀。也就是说，每年至少有 400 万，甚至可能多达 900 万只猫被杀死。[2]

收容所和弃养危机

在美国，每年约有 1000 万只宠物猫被送到收容所，大约每 8 只猫中就有 1 只。被送到收容所的猫中，只有 1/4 能找到被收养的家，而其他 3/4 将面临"善终"。在收容所中实施安乐死是美国猫死亡的主要原因。研究表明，其中的 1/5~1/3 的猫被杀是因为它们存在主人无法改变或无法容忍的行为问题，例如在猫砂盆外面排便。这是我在猫行为诊所处理得最多的问题。真正可悲的是，大多数行为问题都很容易解决，尤其是异常排便行为。

美国大约有 8800 万只宠物猫（法国、德国、意大利和英国总计大约有 3500 万只），还有 4000 万~7000 万只无家可归的流浪猫。[3] 相比之下，美国家庭有 7500 万只狗，但流浪狗却相对较少。[4] 事实是，虽然现在许多国家猫的数量超过了狗，但它们仍然没有狗那么受重视。人类对猫和狗的区别对待有几个原因，其中最主要的是，在一万多年的驯化过程中，狗已经学会了观察人类脸上的每一个微笑和皱眉并做出回应，因此与猫相比，人类与狗达成相互理解更容易。人类会容易理解和接受同为群居动物的狗做出的行为，它们对我们的肢体语言和声音表达也高度敏感。兽医行为学家凯伦·奥勒斯特博士指出，人类和狗都"生活在庞大的家族中"，"提供大量的亲代照顾，与相关和非相关群体成员共同照顾幼崽，生下早期需要大量护理的晚成性幼崽，后期需要持续大量的社交互动，在断奶前长时间喂食半固体食物（狗通过反流来做到这一点，人类则使用婴儿辅食……），有广泛的声音和肢体交流……性成熟早于社会成熟"。[5]

相比而言，猫不是群居动物，和人类不太一样，在情感上对我们的依赖程度较低，因此有时看起来与我们的互动较少。大多数主人不仅缺乏对猫的行为方式的了解，而且也不知道必要时如何改变它们的行为。[6]如何解决这些问题是我写这本书的主要关注点之一。

根据美国动物保护协会的说法，与狗主人相比，猫主人不太可能给他们的宠物戴上名牌或植入芯片，因此收容所无法将发现的猫归还给主人。不管是出于什么原因，猫比狗更容易出现行为问题，被遗弃在收容所的比率更高，也比狗更经常地被处以安乐死、被弃养、被赶出家门。此外，人们带狗去兽医那里接受医疗和护理的比率比带猫去要高得多，这可能是因为人们习惯把行为问题拖到产生了医疗问题才采取措施，而不是扼杀在萌芽状态。即使是那些被送到禁止安乐死的收容所的猫也不会从此过上幸福的生活。收容所同样不能解决行为问题，而随地排便等行为对其他领养人来说也是同样棘手，因此，很多"问题猫"只是在收容所和一个又一个家之间流浪。

但这并不是猫咪们面临的唯一恐怖的事情。每年有数十万乃至数百万只猫因被赶出家门成为流浪猫而过早死亡。这些猫即使仍然有人喂养，也可能很难在情绪和身体上适应户外生活。它们不会像家养猫那样长寿和健康。这对它们来说是可怕的生活方式。在大多数情况下，弃养这个决定是不人道的，而且是可以避免的。

是时候做出改变了。猫主人必须对他们的猫和他们自己负责。选择养猫的人应该使用一切可用的方法来纠正猫的行为问题。其实，正如下一章我们将探讨的，猫出现问题行为通常是因主人的不当作为所致，但许多主人在寻求帮助之前就将他们的宠物送到了收容所。

我为什么写这本书

那么我为什么要写这本书？为什么是现在？原因很简单——我找不到一本关于猫行为的书。这本书为猫主人提供了需要知道的有关猫的行为和环境改变的知识，包含完整、准确的最新知识，且不会带来新的问题。这本书是写给所有渴望专业知识的猫主人的。可悲的是，猫的行为改变建议通常执行效果很差，有时甚至会带来坏处。多年来，一些客户一直声称自己"无从下手"，他们甚至承认曾在他们的猫身上尝试过那些老式的、不人道的驯犬方法！

我希望这本书能成为你的猫行为学圣经——一本你会反复阅读的参考书；一本让你爱不释手，乐于和朋友分享，并在你照顾猫的过程中学习使用的书；一本总结了专业的猫行为学家的大量经验知识，填补了猫行为领域空白的书。在工作中我与许多有行为问题的猫相处了很长时间，比任何兽医都多。虽然大多数关于猫的学术研究都是关于野猫的，但我观察到的、帮助培训的、这里写到的都是家猫。此外，大多数关于猫的研究只涉及非常小的样本量，二十几只猫或更少，时间也非常有限。而我与数千只猫有过接触，包括多年来与同一只猫的多次接触（研究人员称这种研究方法为"纵向研究"，这种研究在目前的猫行为研究文献中几乎没有出现过），这也将为碎片式的描述增添很多色彩。所以在本书中，我将把自己的经验与最新的学术文献结合起来。如果我不同意某些专家的结论或关于猫的都市传说，我会给出自己的建议。我也精选了一些注释，以提供给那些想进一步查阅资料的读者。

在本书的其余部分，我将解释我"C.A.T.计划"的三个步骤，为爱猫人士提供七大行为问题——猫砂盆问题、四处撒尿、多猫之间的紧张关系、攻击性、嚎叫、破坏性和其他不受欢迎的行为以及强迫行为的真正解决方案。我还将告诉你如何防止行为问题再次发生。我的方法是整体性的，它将致力于处理整个事件。我将向你阐述，不仅要考虑眼下的行为问题，还应考虑可能导致或加剧猫行为问题的其他隐患。

通过阅读我数十年经历中的真实案例，你将了解到如何通过猫的视角观察环境，并找出问题所在。然后我会教你如何通过改变猫的生活环境和你自己的行为，让你和猫更和谐愉快地生活在一起。很快你就会再次爱上你的"问题猫"。

Chapter.

①

第一章

了解猫的天性：拟人化的乐趣与陷阱

"愈古怪，愈新奇！"爱丽丝喊道。

——《爱丽丝梦游仙境》

目前，有一些人类学家提出这样一个观点："我们的祖先之所以能够生存和进化，是因为他们能把自己的思维与其赖以生存的那些动物的思维融合。当初那些成功做到且做得最好的人就是我们人类的第一批探索者。"路易斯·里本伯格是研究非洲卡拉哈里布须曼人追踪技术的专家，他本人也是一位追踪专家，他认为"正是在（动物）追踪的技能中，我们才可能找到科学探索的源泉"——人类应用科学方法的时间远远早于我们之前的想象。著名的意大利历史学家卡洛·金兹伯格总结道："我们意识到，猎人蹲在地上，研究猎物的足迹这可能是人类思想史上最古老的行为。"

里本伯格提出了追踪的三种方法，也是追踪技术发展的三个阶段。第一种是简单追踪，在理想条件下追踪可见的轨迹。第二种是系统追踪，它使用一套固定的分析方法在复杂条件下寻找并解释多种类型的证据。

第三种追踪是一种失传的艺术，如今世界上只有少数人知道。有一个描述它的术语，叫作预测性追踪：追踪者观察最后可见的野兽足迹，结合他对动物行为、习惯和本能，以及对地形、季节、天气、土壤类型等的知识和直觉，权衡这些"复杂、动态且不断变化的变量"，尝试与动物换位思考，以"看穿"它们的动机和行为。一位作家指出，"与卡拉哈里和其他地方的猎人密切合作的人类学家发现，狩猎不仅仅是一种本能的做法，而且还涉及大量的学习、分析和洞察"。[1]这与我们现在在历史学、心理学和量子物理学中使用的方法相当。[2]正如里本伯格所说，"现代的卡拉哈里猎头能够通过丰富的想象力进行场景重建，分析出动物（在它们留下最后的踪迹后）正在做什么，并以此为基础推测它们接下来会做什么，会去哪里"。[3]这种富有想象力的直觉行为涉及"以闪电般的速度执行复杂的心理操作"。[4]

事实上，预测性追踪正是马尔科姆·格拉德威尔在《眨眼之间：不假思索的决断力》一书中所描述的那种心理行为——"薄片理论"，即薄片分析法，指对大量信息进行快速且基本是无意识的筛选，得出经验缺乏者得不到的结论。这本书还提到，想在一个专业领域达到能进行"薄片分析"的水平，至少需要一万个小时的练习。根据薄片理论，我之所以能够如此轻松地理解其他人无法理解的动物行为，正是因为我在动物观察中早已投入了远超一万小时的时间。

猎人对自己的预测性追踪有另一种说法："放空思想"，他们会将自己的思想抛诸脑后，试图与猎物的思想合二为一。在人类试图透过动物的视角进行观察的过程中，就获得了一些科学认知方面的启发，这也是为什么古代人通常认为动物是神圣的。需要明确的是，我并不支持现代世界狩猎动物的行为，但是我们仍可以从狩猎中得到启发。人类学家克劳德·列维–施特劳斯有句名言：人类社会尊重动物不是因为它们好吃，而是因为动物"善于思考"。他的意思是人类通过了解动物，帮助自己理解了周围的世界以及自己在世界中的地位。

遗憾的是，这种传统和意识已被我们渐渐遗忘。现在我们很难再理解动物，尤其是猫。在我们对猫的理解误区中，最普遍的一种便是认为猫的行为和动机与狗一样。关于这一认知我将在本书第三章中进一步讨论。另一个误区是认为猫可以像人类一样思考和感受，我们称之为拟人化。第三个误区是认为猫令人费解，性格古怪，没有人理解它们。（几乎所有听说过这本书的人都对"猫的行为可以被纠正"的说法感到非常震惊。）最后，许多人认为猫应当为自己的行为负责，且必须接受训练以改变它的行为。这些想法都是不准确的。猫不像狗，也不像人，但它们一点儿也不让人费解。改变它们的大部分行为并不困难，但为了达到这一目的，我们也需或多或少地改变自己的行为并为猫创造更为合适的环境。这样，猫也会自然地回应我们鼓励的那些行为。

拟人化的乐趣和陷阱

我很喜欢那些在网上流传的各种"猫日记节选"。最开始流行的是"狗的日记"，这种段子会简单地列出十几件事，例如"摇了摇我的尾巴！"和"牛奶骨头！"，每句话后面接一句话，"我最喜欢的东西！"

而"一只狡猾的猫的日记"则生动有趣地描述了猫的想法和动机：

> 今天是我被囚禁的第 983 天。监禁我的人依旧用奇怪的小玩意（逗猫棒）捉弄我；他们大快朵颐，而我和其他囚犯则只能吃乱七八糟的杂烩或某种肉干。虽然我早就清楚地表明我对这种口粮的蔑视，但我还是必须吃点东西才能保持体力。为了让他们感到恶心，我再次吐在地毯上。
>
> 我无意中听说我之所以被禁闭是因为一种叫"过敏"的力量。我必须了解这意味着什么，以及如何利用它来发挥我的优势。
>
> 今天我差点儿成功地暗杀掉一个折磨我的人，我在他走路的时候绕着他的脚走。我明天必须再试一次——这次得选在楼梯顶上。我确信这里的其他囚犯都是走狗和告密者。狗享有特权，它经常被释放——可它似乎非常愿意回到这个地方，它显然是个智障；这只鸟一定是个告密者，我观察到它定期与警卫交流。我确信它会报告我的一举一动。监禁我的人将它安排在一个高架牢房里，所以它很安全。不过只是暂时而已……

如果你是爱猫人士，当你读到这一段时，也许会点头微笑，回忆起自己与猫的点点滴滴。你会深有同感，觉得这些描写非常真实！然而，事实可能并非如此。

我明白，我们很容易把动物想象成和我们有着一样的思想和感情的物种。看看我的约瑟芬（就是本书北美版封面上的那只猫），它就像是我的小女儿，那么可爱，那么美好。它能感受到我的爱，并对我做出回应，一想到它需要并依赖我，没有我时它会孤独，我就特别感动。这种拟人化对宠物及其主人都有一定的好处。原因很简单：当我们对动物的痛苦和感受感同身受时，我们会变得更加人性化，更加快乐。这种联结感似乎是我们幸福感的来源，一般来说，养动物的人比没有养的人心理更加健康。[5] 想象我们的猫像我们一样感觉和思考，有助于拉近彼此的距离，从而更好地照顾它们。

但是，我们必须在拟人化方面保持谨慎。为什么？第一个原因是，猫与人类截然不同，我们的预测往往是错误的。看到这儿，喜欢幻想自己的猫和他们一样的读者可能想要跳过我说的内容，但是，我的目标是更高的：我想让猫恢复猫的本性。我没有试图将猫想象成小小的人，而是坚持猫就是猫，接受它们和我们是不同的。驯犬师对狗的评价同样适用于猫：它们不是小人儿。所有家养动物都完全不同——作为唯一一种被部分驯化的家养动物，猫更是如此。正如鲁德亚德·吉卜林所说，猫会"自己走路"。

如果问我"你的猫可爱吗？"。我很难给出别的答案。如果不是因为它本身惹人喜爱，而且我们也一直认为它是惹人喜爱的，那么，我们为何会觉得它如此可爱，如此迷人，如此深情呢？然而你再想想，你家里到处撒尿的那个家伙是谁呢，是不是又觉得它不可爱了？焦虑的猫会想办法安抚自己并增强自信心。一种方法就是撒尿。另一个方法就是去靠近和用身体蹭那些给予它们爱和食物的人，同时发出缓解紧张的声音，也就是说，它们对人非常友善。所以最可爱的猫也可能最喜欢到处撒尿。20世纪60年代，最早养布偶猫的人宣称该品种的母猫天生就特别深情。但其实，那只猫只是在经历了一场车祸受重伤并幸存下来后，才对它的主人产生了不同寻常的依恋。正如兽医行为学家邦尼·比沃尔博士所言，如果猫小时候遇到压力或有强烈的情感体验，例如饥饿、疼痛或孤独，其社会化会更快。[6] 这些行为的背后，是表达亲密还是焦虑？是表达深情还是需要保护？一些人认为暹罗猫比其他品种的猫更友好，但其原因可能是它们的皮毛很薄且喜欢靠近人类以寻求热量。

杰弗里·马森曾是一位精神分析学家，著有几本关于动物情绪的畅销书。几年前，他将精力转向了观察猫的情感生活。在他早期的一本书《猫的九种情感生活》中写道："太多的人认为猫是没有情感的简单动物，不值得深入了解。相反，我相信猫具有纯粹的情感。"[7]他说的完全正确。在过去十年中，对许多动物的研究表明，它们有着丰富的情感生活。除了恐惧和焦虑之外，它们还会为失去人类或动物伙伴而悲伤，它们会变得沮丧，它们可以感受到期待和快乐。正如你将在本书中看到的那样，猫会对环境的变化产生剧烈的情绪反应。猫的大脑与人类的大脑有着相同的神经化学结构，也有着同样的神经生化反应，能让我们感受同样的情感。

但是，猫的情绪没有包括马森在内的大多数人想象的那么复杂和陌生。例如，马森写道，一只新带回家的猫可爱地坐在他的胸前，是一个精心策划的"欺骗策略"，这是猫在其"狡猾的心中"做出的"决定"，并且猫在"知道"它将被允许留在家中的那一刻就停止了这种行为。马森还说，他的一只猫不喜欢在别人注视它的时候玩耍，因为它认为游戏"有失尊严"。虽然马森明白猫不会感到内疚、自责、羞耻或胆怯，但他认为猫可能会因为一次失败的跳跃而感到"尴尬"或"羞耻"。在马森看来，猫随后舔爪子就证明了这一点。马森还认为，一只猫到它主人不在的房间里喵喵叫（或抬起头，绝望地低声叫），然后穿过房子（或不安地在房子里游荡）直到回到那个房间，是表达"爱"的有力证据。他说猫的眼神会流露出"情感"。

实际上，猫不会考虑我们，至少不会用我们这种思维方式思考，因为它们缺乏形成我们这种思维所必需的认知框架。它们不会有，诸如"我要报复你""我知道你讨厌这个，我这么做就是为了激怒你""我又干了一件坏事，没错，我就是在针对你"之类的想法。就像禅师在冥想中所做的那样，猫只是看着我们，根本没有思考或判断。"我和几位禅师一起待过，"埃克哈特·托利说，"他们都是猫。"我们不能说这种存在方式是不幸的，这并没有让它变得不真实。猫不会设计和计划狡猾的策略，也不会预先考虑好要如何欺骗我们。如果它们某次没跳好，它们会感到惊吓、害怕，甚至受伤，然后会舔自己，因为舔毛是一种自我安慰的方式。它们并不尴尬，那是人类在别人面前跌倒时才会有的感受。猫不会像沙鼠或蕨类植物一样感到羞耻，猫只是猫。

> 猫可能会看着国王。我在某本书上读过，但我不记得在哪里。
>
> ——爱丽丝，《爱丽丝梦游仙境》

当一只猫盯着另一只猫看时，这种行为被视为一种挑衅，甚至是威胁，而绝不表示爱。猫瞪大眼睛的意思是恐吓。虽然猫经常以毫无恶意的目光看人类，但感到有危险时猫也会用威胁的目光盯着人类。无论如何，我们都没有理由认为一只纯粹出于本能的猫会以某种方式改变它的脑回路，以充满爱意的目光盯着人类。甚至当我们以为猫正盯着我们看时，事实也可能并非如此。因为猫的视野相当宽，这只猫表面上正盯着我们，实际上可能是在盯着整个房间，或者是在盯着它和我们之间的某个物体。由于我们对被猫凝视和凝视猫的含义存在误解导致另一种关于猫的错误观念。你听过多少次（或者你自己也说过），猫总是会找到家里最不喜欢猫的客人，然后跳到那个人的腿上。难道是因为它们太乖张了？很多时候，真正的原因是不喜欢猫或对猫不感兴趣的人往往不会与猫进行眼神交流，因此也不会被猫视为有敌意或威胁。

最后，我们说说猫的爱。即使是我自己也不可能不相信我的猫"爱"我，但我知道，如果我非要给猫的"爱"下一个定义，[①]我不能说约瑟芬在我不在时的喵喵叫声或我抚摸它的时候它眼中的表情是"爱"的证据，而不是对食物的焦虑或失去它所依附的伙伴关系的不安，以及简单的动物乐趣。但正如 20 多岁的人都知道的那样，爱和愉悦之间的区别是世界上最大的区别。[②]

---

① 我想到了 M. 斯科特·派克在《少有人走的路》中对爱的定义，"爱，是为了促进自我和他人心智成熟而具有的一种自我完善的意愿"。

② 我认为我们比我们想象的更像动物，我们"爱"的感觉很大一部分也来自大脑化学反应中的生存本能。几乎所有猫的行为都与生存有关，许多人类行为也属于这一类。

如果把这些关于猫的典型描述套用到獾、牛或者非常聪明的猪上，我们就会觉得荒谬：我们也会看到，像马森的"猫很高兴做自己"这样的陈述除了用于形容猫也被用于形容其他动物。因为猫与我们生活得如此亲密，我们不可避免地会将自己的认知投射到它们身上。作家斯蒂芬·布迪安斯基说得好："猫与其说是宠物，不如说是旅伴，我们将希望、期望和愿望强加给它们，这将给我们带来危险。"我想补充的是，这也给它们带来了危险。

通常，养宠物的人健康状况会更好，寿命会更长。任何时候，只要我们能找到表达爱的理由，我们就会更快乐、更健康。

简而言之，拟人化可能对你有好处，感受或想象这种联系让我们感觉很好。我们持续地从猫身上"感受到爱"，并用更多的爱去回报它们。我不会建议你停止这种拟人化。但我更想谈的是拟人化的负面影响，我称之为"拟人化陷阱"。

拟人化陷阱

当我们想象动物和我们一样时，与动物的相处就大大简化了。随着一天天地成长，我很难意识到自己的拟人化。毕竟，在我还是个小女孩时，我认为即使是毛绒玩具也有它们自己的感受和想法。但是，当我们想象猫可以感受到与我们相同的爱，分享我们的快乐，会试图变得友善或可爱，会感到尴尬时，我们往往也会认为它们有敌意、报复、固执或不妥协等不那么让人喜欢的想法。

然后我们就会做出伤害它们的事情。

兽医和收容所的工作人员都很清楚，当我们认为猫的一些行为是在针对我们，或者当猫应该知道自己不该做出某些行为的时候，我们就会惩罚打骂它们："你很清楚你不应该在那个柜子上！""你乱撒尿就是为了报复我！"（大量虐待儿童事件的起因也是如厕问题）。我们可能会把它们赶出家门："如果你不能停止乱抓，你就给我滚出去！"我们会抛弃它们："不管我告诉你多少次，你总是在乱撒尿。"我们给它们实施安乐死。但是，猫其实不能理解它们受到的惩罚和它们行为之间的关系，它们也没有叛逆或者报复心。猫的一切行动纯粹是为了生存。就像任何人类的其他高阶情感或意图一样，恶意无助于猫的生存，尿液和粪便不是用来报复人类的工具。如果西格蒙德·弗洛伊德是个猫行为学家，他会说：有时鞋里的便便就是便便而已。

我相信人类与动物建立真正的情感或精神上的联系是可能的。当我和我的约瑟芬或贾斯珀对视时，我会有一种无可名状的意识相连的感觉。我的使命不是把自己的感受强加到猫身上，而是试着理解它们的感受。在这里，我也邀请你这样做。查尔斯·达尔文的祖父伊拉斯谟说得好——"尊重猫是审美的开始"。

当你陷入拟人化陷阱，用惩罚和斥责来回应猫的行为可能是一种特别糟糕的方法，因为它：

- 无效——这通常不会让猫停止行为。
- 往往适得其反——可能会强化这种行为或导致另一种问题行为。
- 破坏你和猫的关系。
- 不人道。
- 不能很好地反映我们作为人的聪明才智。

坚持积极的拟人化（"它很可爱"），远离消极的拟人化（"它知道它不应该，它那样做只是想惹恼我"）。更好的做法是，学会如何在猫的地盘上和它相处。

Chapter.

②

第二章

在猫的领地与它相处：
C.A.T.三步法改善它的行为

神造万物，只有猫不能用链子奴役。如果人可以与猫杂交，它
会让人变好，但会使猫变坏。

——马克·吐温，1894

不要惩罚，不要谴责

许多客户告诉我，他们会在猫随地小便的"犯罪现场"弹它的鼻子，当猫咬人时拍它鼻子，或者当猫攻击主人的腿时踢它。他们声称，用手使劲拍打猫的鼻子或者抓住猫的后颈是兽医推荐的惩罚性措施。我永远不会忘记在一次社交活动上，一位女士曾自豪地告诉我，她确信她已经纠正了她的猫在柜台上乱跳的习惯：她把猫抱起来，扔到房间的另一头，让猫径直地撞到了墙上。

对此我非常惊讶，这些做法太不人道了。因为动物不具备复杂的因果关系推理能力，它们不会把时间间隔较长的几件事情联系起来。例如，猫在几个小时前弄脏了某处地方，主人在几个小时后发现，十分愤怒并惩罚了猫，而猫根本就不知道被惩罚的原因是什么，自己错在哪里，以及今后怎么做才是正确的。所以不合理的惩罚或斥责动物根本没有行为学的基础，也自然没有什么效果。

无疑，惩罚会使事情变得更糟。对你的猫拳打脚踢或大喊大叫可能会让它把你视为潜在的攻击者，引起或战或逃反应。它可能会开始攻击你，因为你现在和一些负面事物联系在了一起。这些做法是不人道的。

我想起一位加拿大客户阿黛尔。她的兽医告诉她，当她的小布偶猫比安卡开玩笑地攻击她的手时要拍打它的鼻子或屁股，阿黛尔照做了。当比安卡5个月大的时候，它不再调皮地咬她的手，而是在阿黛尔靠近的时候表现得很害怕，并出于恐惧而攻击她。比安卡的瞳孔放得很大，耳朵向后背着，而只要阿黛尔靠近比安卡，她的手、腿和脸就会被严重抓伤。其中一次袭击甚至严重到需要住院治疗。为了保护自己免受进一步的伤害，阿黛尔把比安卡养在卧室里。她不能随便进入房间去清理猫砂盆，在比安卡扑过来之前，她必须迅速把食盆从门缝塞进卧室。令人高兴的是，通过使用本书第七章的行为技巧，我们用了 8 周时间就让比安卡康复，至今，阿黛尔和比安卡仍和平共处。

为了让猫停止做某事，比如，远离橱柜，我经常听到这样的说法：坚定地对它说"不"。这实在是荒谬！如果坚信斥责有效，你还不如去骂一只松鼠。这时可以把你的猫和一只松鼠或浣熊对比一下——松鼠可能会认为你要伤害它，因此躲避你，而浣熊则可能出于自卫而攻击你。

最近的研究表明，即使对狗而言，对抗性或会引起它厌恶的方法，如凝视、攻击、恐吓，以及其他那些所谓的阿尔法关系元素都是无效的，并可能引发更多的攻击行为。[1] 即使狗可能会为了讨好主人而改变行为。但是，猫更多受到生存本能的驱使，它们不会关心你是一只阿尔法猫还是其他什么，只会躲避或攻击你，或者再次做出某些行为来吸引你的注意。

最后，惩罚或斥责可能只会让你的猫在某些时刻收敛自己，它会发展出所谓的"主人缺席行为"。即使你的猫能学会在你喊"不"的时候远离橱柜，它也只会把你和不愉快联系在一起，而不是记住远离橱柜。因为不愉快是和你在一起时发生的，猫只会等到你不在的时候再跳到橱柜上。又比如，你因为它乱撒尿而惩罚或斥责它时，它跑开了，看起来又害怕又不安。你以为你已经把观点表达清楚了。恭喜你取得了一个非常小的胜利：你可能刚刚教会了它在你不在的时候撒尿，甚至更频繁地撒尿。因为你进一步加剧了它的焦虑，而撒尿是猫缓解焦虑的途径之一。所以，惩罚或斥责无疑都是坏主意，你需要一种更巧妙的方式来改变它的行为。

有效的做法：撤回你的注意力，甚至假装你不在

我并不是说你应该避免惩罚和训斥。就像孩子面对父母时一样，大

多数猫渴望从主人那里得到任何形式的关注，哪怕是负面形式的关注。因此，对一些猫来说，坚决的"不"实际上是一种鼓励。正确的做法是当你的猫表现出问题行为时，不要责骂它，试着立即离开房间。这种技巧有效的根源是猫妈妈会通过将注意力从小猫身上转移开来告诉小猫不要做什么。随着时间的推移，猫会明白，当它过度地喵喵叫或开玩笑地攻击你时，你就会离开它，从而让它非常沮丧。在本章的后面，我还会告诉你如何分散猫的注意力和阻止它的问题行为。

你有能力解决猫的行为问题

人们对猫有太多的误解，而这些误解在那些想要把猫送进收容所或进行安乐死的人当中尤为普遍。这些人通常不知道他们的猫的发情周期，错误地认为母猫应该先生一窝小猫后再绝育，认为猫的一些不良行为是出于怨恨，误解正常游戏行为的含义，没有意识到行为问题会随着家里猫的数量的增加而增加。

认为"猫自己有行为问题"的想法本身就是错误的：几乎在所有情况下，那些非医学问题导致的行为问题，其源头上需要改变的都是主人的行为。因此，虽然我是一个猫行为学家，但我总是首先矫正人的行为。

猫没有语言和思维，缺乏像我们一样的逻辑推理能力，缺乏对事物发展的思考判断，所以猫的许多行为只是对当前状况的观察、确认和反应。而我们却认为猫能够对爱和情感做出真实、直接的回应，比如认为猫接受人的抚摸，是由于它们能感受到抚摸它们的人表达出的善意和自己身体被触摸的愉快。实际上，猫并不是怀着感激之情享用人的慷慨喂食，它们只是缓解自己的饥饿和焦虑。猫对人们为它做的事情的反应就像它们面对大自然时一样。在野外，猫会做出最适合生存策略的反应以应对环境。这些反应没有好坏之分，猫就是这样。但猫的这种自然反应：给予和获得温暖、发出呼噜声、玩耍、平静地休息等，正是我们喜爱猫的原因。

有时猫对环境的反应并不是那么令人愉快，但这往往是因为我们的行为方式与它们的本性相斥，或者至少是违背了它们的本性。例如，排除健康方面的原因，大多数情况下，猫不再使用猫砂盆都是由主人的错误导致的（这其实是个好消息）。比如：你想当然地认为猫天生就会走进一个非自然的、装满人工砂子的猫砂盆里面方便；或是觉得它们对肮脏的猫砂盆无所谓；甚至认为即使旁边有一个蹒跚学步的小孩或是有另一只好斗的猫，它也可以无所顾忌地进猫砂盆排便。又比如：我们喜欢温柔玩耍的猫，但如果它们对我们的挑逗反应过激，或抓挠得太重，我们又会生气。

猫没有道德感或罪恶感，它们无法考虑你的感受并提前计划。不要将那些复杂的想法强加到你的猫身上。无论猫做了什么，都不是出于纯粹的报复心理。认为你的猫通过做一些事情来报复你，就像认为你的猫会因为你拒绝给它智能手机而对你生气一样愚蠢。猫不会认为自己被针对，因此也不会针对你。所谓的报复只是我们人类自己的感觉。

所以这里总结三个关键点。

1. 你的猫会根据它的本性（基因）和条件（饲养方式）做出反应。它的反应是本能的，而非经过深思熟虑、怀有恶意或抱有其他不好的想法。

2. 作为猫的主人，你必须心甘情愿地接受猫来到你家之前养成的各种条件反射，你也必须对猫来到你家后形成的所有条件反射（包括那些由环境产生的）负有直接责任。

3. 在这个世界上，无论是人还是猫，没有人能像你一样，对你家猫的条件反射有如此大的影响和责任。问题的根源就在你自己身上。是你，而不是你的猫，需要完成我之后列出的事项。你的猫会很自然地对你的改变做出回应。好消息是，这很简单。

猫的七类行为问题

我将行为问题定义为任何导致生物（包括猫自己）痛苦的行为。如果你睡得很沉，并且你的猫凌晨四点喵喵叫的声音没有吵醒你，那么这对你来说可能就不是一个行为问题。但当你的另一半搬进了公寓，而他睡得很轻，此时喵喵叫可能就会成为一个问题；如果你的猫是因为压力太大才这么做的话，这对它来说也可能是个问题。猫表达焦虑的方式有很多，原因也更多，但在我几十年的专业工作中，我把猫的行为问题归结为以下七种基本类别。

1. 猫与猫之间的紧张关系

你带了一只新猫回家，那只猫跑开，躲了起来，再也不出来。或者家里的猫突然开始每天发出恐吓的声音，并摆出威胁的姿势，以至于你不得不把它俩分开，让它们单独生活。（详见第二、五、七章。）

2. 攻击性

攻击性有不同表现形式，其中许多是由恐惧引发的。你可以在猫身上看到一种极端的猫科动物攻击性，它会抓挠甚至咬人或咬其他动物。这是所有行为问题中最严重和最具挑战性的，尤其是当家里有小孩时。

以前人们提出的典型建议包括："设定界限，告诉它'不可以'""拍手打断它们""给它们服用抗焦虑药""让你的猫在一起进食""分开它们""用水枪喷它""给你的猫找个新家"。其中一些办法会适得其反，让情况变得更糟，有些方法本身可能就是造成这种情况的原因。（详见第七章。）

3. 猫砂盆相关问题

突然有一天，你的猫觉得猫砂盆不好用了——它更喜欢你的床，你的办公桌，或者你的鞋子。

在猫砂盆外排便是我见到过的最常见的行为问题。典型的建议包括："多加几个猫砂盆""换新的猫砂盆""用更好的含酶清洁剂清理这片地方""勤清理""去兽医那里看看是否有医学问题"。这些都是不错的建议。但如果你只做这些事情，问题可能无法得到改善或者只是暂时改善。它已经习惯了那些你不想要的行为，必须改掉它们，而我将给你一个彻底的治疗计划。（详见第八章。）

4. 乱尿

当你发现你家的一些角落有一种奇怪的气味，或者你发现你的猫蹲在尿痕上或靠在墙上撒尿，对此的建议通常是忍受它，或者换只猫，因为"撒尿是一种你无法阻止的猫的行为"。这种说法并不正确。其实，乱尿很容易解决，不需要对你的猫实施安乐死或遗弃它，大多数时候甚至不需要给它服用药物。但是，了解你的猫为什么会这样做（例如焦虑）至关重要，之后，你只要消除压力源，或帮助它以不那么消极的方式看待这些压力源即可。压力源通常是环境中的某些东西（我可以帮助你找出它）或是与家中另一只猫的紧张关系。（详见第九章。）

5. 过度嚎叫

你正在看电视，而你的猫一直在另一个房间无缘由地喵喵叫。或者，在凌晨四点，你的猫却在幻想自己是一只跟踪瞪羚的豹子而一直发出吼声。又或者，它已经坐在回响超好的浴室里唱了几个小时了。猫总爱嚎叫有多种原因，我会告诉你这些原因是什么，并帮助你改变这种行为。（详见第十章。）

6. 破坏性和不良行为

抓破你的沙发，不离开橱柜……猫的这些行为让你发疯。典型的建议包括："当它在橱柜上时，告诉它'不！'""打它！""用水枪喷它！"

前两种做法会使情况变得更糟，第三个则解决了错误的问题。所有这些都可能导致主人缺席行为。（第十一章将为你提供帮助。）

7. 强迫行为

不停地咀嚼或异食癖、过度梳理毛发以及啃咬地毯或毛皮，这些可能是猫的强迫行为。你可能被建议要么对猫大喊大叫，要么抚摸它并安抚它，让它感觉更好。而这些做法反而可能强化猫的原有行为。（在第十二章我会告诉你如何让它停止这些行为。）

当遇到紧急问题并且急于寻找答案时，你可以直接查看对应的章节，我将为你提供解决猫特定行为问题的方案。但我更希望猫主人能认真读完整本书，因为我提出的所有方法，目的都是增加猫的幸福感。一个爱猫的主人可能永远不会太了解他的猫的想法，而无论你的猫有什么问题，都请务必阅读第五章，以了解猫最关键的领地需求。

每一个面对非医学原因导致的猫行为问题的主人都可以根据这本书来制订一个行动计划。除了最极端的情况，大多数时候它们都行之有效，并且完全遵从猫的本性，不需要药物辅助，效果持久，且做法人道。

有效执行 C.A.T. 计划的要素

解决动物行为问题的方法有三种：改变它们的物理环境、实施行为矫正技术和使用药物。我只会偶尔提及药物治疗。为了纠正大多数不受欢迎的猫的行为，我制订并完善了一个全面的、整体的三步治疗计划——前两步是行为纠正，最后一步是环境改变，我称其为 C.A.T. 计划。

1. 终止（Cease）。终止不愿见到的猫行为——通过行为矫正和其他技术消除造成问题行为的原因，或使猫不再对其感兴趣。

2. 诱导（Attract）。诱导猫做出理想行为——通过大量的正强化来矫正行为，使另一种行为更有吸引力。

3. 改造（Transform）。改造领地——改变物理环境。

一个C.A.T.计划需要持续执行 30 天（有时是 60 天），千万不要半途而废！以此设定期望值的猫主人要比不设定期望值的成功概率高得多。

为了方便起见，我将这些操作拆分为步骤，并以易于记忆的C.A.T.顺序呈现，除了某些例外状况，你应该用至少 30 天时间执行它！

终止不愿见到的行为

可以通过让猫不再对该种行为或特定位置感兴趣，来结束你不想要的行为。有多种方法可以做到这一点。为了打破一个"问题行为"的循环，你可以做出一些调整以分散猫的注意力，或让它对它经常做出"问题行为"的位置产生消极或冲突的联系。有时你会需要同时使用几种方法，下面我挑一些有效的方法重点介绍。

有效的方法之一是学会控制"天灾"。理想情况是，每当小安东尼奥试图跳到橱柜上或抓坏音响时，它就会听到远处隆隆的雷声，并看到闪电。这种让猫有点反感或不愉快的神秘事情，我称之为"天灾"。如果一件事情没有引起猫的不愉快，而只是让它分散注意力，那就称之为分散注意力之事。除非你能够掌控天气或者你会表演口技，可以让雷鸣般的声音看起来像是来自其他地方，否则你能够创造的天灾是有限的，例如，偷偷地用水枪喷水或用压力罐（你用来清洁电脑键盘或相机的那种）喷射气体。

我之所以称其为天灾，是因为在猫看来，这种似乎是无中生有，好像是有某种无形的存在正在监视它的行为。关键是不要让它发现是你制造了这个稍微令它厌恶的事情，否则这可能会破坏你与猫的关系，导致猫发展出主人缺席行为，甚至导致你的关注进一步鼓励它发生问题行为。如果你朝猫喷气后它怀疑地看着你，你必须有合理的推诿动作。谁啊？可不是我！天灾之所以能起作用，有两个原因：一是它让猫感到不快，二是在猫还没有做下一步动作之前，天灾就打断了猫的行为。当然了，"揍它一顿"可不是合适的天灾。

打断动物行为最有效的时间是在行为发生的最初几秒内，如果超过了这个时间，猫就不会将它的行为与之后发生的不愉快事件之间建立任何联系。天灾也不应该持续太久或让猫感到不安，以至于被猫视为一种惩罚；更不应在猫高度紧张的情况下制造天灾，例如当猫互相对峙凝视或打架时。不过，还是要有节制地使用这个方法，时刻牢记LIMA（least invasive, minimally aversive，即"最小侵入，最低厌恶"）原则。然而，每只猫都是不同的，要尊重你家猫的敏感程度。一只猫可能会害怕罐子里的空气，而另一只猫可能会走上前来闻，并等待空气冲击它的鼻子。

如果无法在附近制造天灾，而你正试图阻止它在特定位置的活动，你可以在该地点设置远程威慑。远程威慑包括通过运动检测触发的压缩空气喷雾器、指压板和双面胶带。这个方法的原理是使该位置成为一个没有吸引力的地方。我们将在第七章详细介绍远程威慑。

另一个重要的技巧是分散注意力，有时还要与猫的注意力重定向相结合。与天灾不同的是，分散注意力之事不会令猫反感，且必须在猫做出"问题行为"之前进行。当你的猫紧张时，分散注意力比天灾更有效，因为此时它会对令它厌恶的事情做出强烈而消极的反应。分散注意力是指投掷乒乓球、纸团或光斑等不会击中猫的物体，或者做一些能让猫开始玩耍的事情，在猫做出问题行为之前分散它的注意力。比如当你的猫正走向橱柜、盯着橱柜上的食物、盯着另一只猫，或者正接近它往常尿过或者抓过的物体时。

假设你看到你的猫正朝着它喜欢抓的音响走去。在它到达那里之前，你可以用遥控器突然大声地放音乐，声音大到足以让它惊吓，但并不害怕，从而让它不再靠近音响，也不会把你与刚才的天灾联系在一起，你也可以扔一个乒乓球来分散它的注意力。

诱导猫在理想的时间地点做出理想的行为

在你阻止了猫做出你不想要的行为后，接下来将进入诱导步骤：你要告诉你的猫该做什么、该在哪里做。特别是用游戏的方法，把猫的抓挠行为导向到一个你和猫都能接受的活动和地方（例如猫抓板）。诱导方法适用于解决各种问题行为，如乱拉、乱尿、乱抓、乱咬等。

当然，当它做出你期望的行为时，不要忘记表扬它并给予它大量的关注。响片训练（详见附录A）是一种强调积极因素的好方法。如果猫做出的那些你不喜欢的行为是出于自然本能，例如狩猎，这可能会导致猫在深夜或凌晨嚎叫或跑来跑去，那么我们只需重新训练让猫在你能接受的时间表达其自然本能即可。

改造领地

还没做完！大多数针对猫的行为建议只停留在告诉你如何让你的猫知道你不想它做什么。如果建议到此为止，它几乎不会起作用。也有建议会提及诱导猫的行为，这更有效。但长期的行为改变通常意味着需要对它的领地进行具体的改造。否则，它可能很快就会恢复以前的生活方式。你的猫出现因焦虑、无聊、恐惧、领地问题导致的紧张和本能行为几乎总是有原因的，必须在其领地内加以解决，以确保任何行为计划的短期和长期效果。在接下来的三个关键章节中，我将更详细地讨论猫的领地需求和它的本能。

Chapter.
③

第三章

生而狂野，即使是最温顺的猫

"那么，"猫接着说，"狗生气时低吼，高兴时摇尾巴，而我高兴时低吼，生气时摇尾巴，所以我现在很生气。"

"我管它叫呼噜，不是低吼！"爱丽丝说。

"随你怎么叫吧。"猫说。

——《爱丽丝梦游仙境》

如果你去探究原因，归根结底，导致猫做出那些你不喜欢的行为源于它们的本能，你现在看到的只是诱因。在本章中，我将重点讨论导致问题行为的三个关键原因，包括本能和后天因素，分别是：

- 强烈的领地意识（这在猫进入社会成熟时达到高峰）
- 驯化不完全
- 社会化不充分

没有什么动物和猫相似。这就是为什么我们应该接受它们表现得像它们自己，只按它们的本性行事。需要强调的是，猫在两个方面是独一无二的。首先，大多数猫科动物天生独立自主，而且具有很强的领地意识，这一事实导致它们可能做出一系列伤害人类情感的本能行为。其次，即使是家猫也没有被完全驯化，有些家猫似乎比其他家猫保留了更多野猫祖先的本能。因此，最好将猫视为半野生动物。希望大家能够从这个角度出发，形成新的思维方式。

美国各地都有乡村野猫保护区，里面有各种各样的野生猫科动物——狮子、老虎、猞猁、山猫、非洲薮猫等。人们特别喜欢小时候的它们，但随着它们长大，其本能行为变得越来越明显（甚至导致主人的家园遭到破坏），它们的主人便不得不将它们送到这些动物保护区。是什么行为让原主人放弃了它们？答案是破坏性的抓挠、攻击性行为和乱撒尿。听起来是不是很熟悉？

猫：自力更生，领地意识强，冠军生存者

所有其他家养动物都是从群居的野生动物驯化而来，并且现在也是

群居动物。如马、猪、羊、牛、驴、鸭子、鸡、山羊和狗（像狼一样）等都本能地成群生活。作为一个群体或群体中的一部分，其进化方向与生存息息相关：当食物资源不一致且分布在一大片土地上时，动物需要为了寻求保护或为了狩猎而联合。一些捕食者的体形，比如狼，比猎物的体形要小，所以它们也得成群猎食。

在人类介入之前，这些现已被驯化的动物大多深陷困境，整个物种难以生存。如今，它们的野生同类要么已经灭绝，要么接近灭绝。普氏野马是现代马的祖先，现在只在动物园和人类管理下的保护区还有零星存活；所有的野生绵羊种群都濒临灭绝；你可能没听说过牛的野生祖先，因为原牛早就灭绝了；至于狼，全世界目前也只剩 15 万头。被人类驯化往往是其中一些物种能够延续至今的唯一原因。但正如斯蒂芬·布迪安斯基在其著作《猫的性格》中指出的那样，"猫在野外并没有陷入进化困境，它们不需要依附人类生存，它们不像其他那些被人类驯化的动物，自动进行飞快的遗传进化，从野生动物变为家养动物，成为人类可以塑造和驯化的伙伴。原始人能够成功驯服狗、牛、羊和其他被完全驯化的动物的祖先，很大程度上是因为这些物种具有内在的基因潜能，一旦人类出现在它们的环境中，它们就会从基因上驯服自己"。但是猫的祖先呢？"猫拒绝玩这个过家家游戏。"[1]

家猫（和野猫）的祖先是非洲野猫。尽管世界上其他 36 种猫科动物中的大多数都濒临灭绝或生存受到威胁（通常不是因为自然选择，而是因为人类入侵），但野猫（包括欧洲野猫和其他野猫）已经遍布世界各地。仅在美国就有 4000 万~7000 万只野猫。在人类的所有动物朋友中，正如布迪安斯基所说，猫是"最不驯服，也最成功的动物"。他补充道："在人类的陪伴下，猫繁衍到世界各地的速度比人类自己还快，同时它们还一直保持着一点野性。"这是我唯一不同意的一点，我们的猫仍非常有野性。

所以猫并不需要我们的帮助。一些人用这一事实作为它们未被完全驯化的证据。[2] 此外，大多数种类的猫也不会为了生存而相互依赖。就像人类、鲨鱼、鳄鱼和蟑螂一样，它们也是进化的胜者。帮助它们生存下来的正是这些你可能不喜欢的本性和本能行为，包括它们自力更生的天性和它们的许多领地行为。换言之，正是这些让它们成为猫。

为什么我们的猫会这样做？按照达尔文的进化论，在进化的过程中，猫祖先适应当时社会和物理环境的行为遗传到了现在。[3] 那么，谁是它们的祖先，它们又是如何生活的？答案各不相同，这取决于我们谈论的是哪种猫，一些猫比其他猫更具社会性。比如，与狮子、剑齿虎等群居猫科动物不同，根据最近的推测，家猫的祖先，即现存的非洲野猫，是完全独居的。[4] 非洲野猫的领地很大，彼此相距遥远，因此它们不需要紧密的社会结构，也不会表现出你在狗身上看到的所有讨好行为。此外，与狮子合作狩猎的习性不同，野猫和家猫总是独自狩猎，野猫只在交配期间（雄性和雌性）和养育小猫的头几个月（母猫和小猫）才会有合作互动。然而，这并不意味着这些猫不能社交。在某些情况下，它们会。

猫也可以交朋友

在这里我要说明：家猫被证明是相当"社会化"的，它们喜欢与其他猫、人类以及其他特殊的朋友在一起。它们相互抚育并紧密联系，特别是猫妈妈们，它们常常结伴合作共同抚养彼此的小猫。事实上，猫的发声次数是狗的两倍，而且猫通过嗅觉、触觉和动作进行交流的方式也很多。如果猫不是社交动物，这些方式是不可能存在的。即使猫相隔较远，它们也总是能够通过气味和视觉标记进行交流。

即使是家猫，也不像狗那样拥有严格的社会等级制度。狗狗们只要和其他狗狗在一起，就愿意去任何地方，而无论野生的还是家养的猫则相对更喜欢待在家里，守卫自己熟悉的领地，并因此感觉安全。尽管如此，我确实认识一些猫（也就是我的那些猫），它们喜欢坐车兜风，尤其是和我结伴的时候——这与其说它们喜欢旅行，不如说它们喜欢和我待在一起。我的大多数猫在我进门或叫它们的时候都会跑过来，我们家的巴塞尔姆经常跟着我、我的丈夫和我的儿子，举起爪子或用后腿站着让我们抚摸，因此我们给它起了个绰号叫"小狗猫"。所以我想澄清的是，猫可以形成社会关系，在社交上表现得和狗一样。认为它们是纯粹孤独和反社会的动物是一种谬论。

但如果没有病理性的分离焦虑，猫并不一定需要像人类和狗那样进行社交（因此偶尔会有"冷漠"的家猫）。猫更独立的天性与你在其他动物身上难以看到的极强领地意识有关。这种比狗强得多的领地意识，表现出来的就是一种优胜者生存的行为，而大多数人都没有认识到这是猫的自然特征：它们的怀疑，它们不喜欢新鲜事物，它们专一的掠食行为，它们四处用尿液和爪痕标记，以及它们针对陌生人表现出的攻击性。它们的领地意识甚至会导致强迫行为，也会导致受惊的猫避开猫砂盆区域，从而导致排泄问题。一切行为问题都源于此。我之后还会多次提及这种领地意识，但现在，让我们先简单了解一下狗的心理，因为很多宠物主人混淆了猫与狗的心理，并徒劳地试图用改变狗的方法去改变猫的行为。

社交聚会

偶尔，出于它们自己的原因，猫会拼凑出复杂的社交网络。猫相互之间本应是互不来往的。但几年前人们却发现，在靠近巴黎郊区的一个小广场上，每天晚上都有许多猫来到它们的领地边界，在不同的时间里成群闲逛。它们紧挨着坐着，互相理毛和观察，令人惊讶的是，它们彼此间很少表现出敌意。观察人士说，有时这些公猫会在人群面前"游行"。到了午夜，它们便会散去，回到各自的领地。

猫与狗之间的区别

野狗爬进洞穴，把头靠在女人的腿上，说："哦，我的朋友，我朋友的妻子，白天，我会帮助你的男人打猎，晚上，我会守护你的洞穴。""啊！"猫听到后说，"那真是一只非常愚蠢的狗。"它摇着狂野的尾巴，穿过潮湿的荒野森林，与它狂野的孤独相伴。

——《原来如此的故事》，鲁德亚德·吉卜林，《独来独往的猫》

狗：总是渴望取悦他人

看，斯伯特每次都跑回那一群狗中。狗是典型的群居动物，仅仅是融入群体这一行为就满足了狗的一种生存欲望。孤独的狗是最可怜的动物，对于狗而言，健康的社交生活中不应存在"孤独"。这就是为什么你的狗会跟着你（因为你是狗群中的老大），不顾一切地和你散步，或和你睡觉，或听你的命令，并对你的命令做出反应。对于一只狗来说，取悦其他成员，尤其是那些地位较高的成员（包括你），是最重要的事。人类与狗的亲密关系有着漫长的历史：至少有一万年的驯化，甚至共生经历。没有任何其他动物像狗这样，被人为培育和选择，只为了对我们的每一个音调或面部表情的变化做出反应。奥尔德斯·赫胥黎曾写道："每条狗都觉得自己的主人是拿破仑。"

狗比其他动物更善于解读人类的暗示，部分原因是我们花了几千年的时间培育它们，让它们养成一种本能的强大欲望，想要陪伴我们并对我们的指令或行为做出反应（这种欲望和能力在狼身上完全没有）。[5] 与此同时，通过不断的选育，人类让狗可以做出丰富的面部表情，如悲伤、孤独、快乐、内疚、尴尬、好奇等，并按照人类的解读去使用它们。我的大丹犬贾兹总是关注我脸上的表情，仿佛它们是来自天堂的信号。如果它能用语言思考的话，它们的想法可能会有：同意？不同意？要不要和别的狗一起玩？你在找小零食吗？而我的猫肯定对此不太感兴趣。（另一方面，也许猫能读懂我们的面部表情，但就是想不出什么理由来回应我们。）

猫：总是渴望快乐

正如许多不喜欢猫的人所发现的那样，猫没有取悦我们的内在欲望。有些人憎恨猫的这种目中无人，另一些人则对此表示赞赏。正如段子里说的，一只狗看到人类为它提供的所有东西，会认为"你一定是上帝"。而一只猫看到人类为它提供的一切，会认为"我一定是上帝"。还有一个更普遍的说法："狗有主人，猫有员工。"

猫：永远狂野

在家养动物中，除了独居习性以外，另一个让猫特立独行的原因是它们只部分被驯化，且被驯化得较晚。相比之下，狗最早被驯化，它们约在 15 000 年前就与狼分离驯化；绵羊和山羊大约在 9000 年前被驯化；牛在 7000 年前，马在 6000 年前。虽然，塞浦路斯的考古学家在距今 9500 年的遗址中发现了一具与人类埋葬在一起的猫的骨骼，但那很可能是一只非洲野猫，直到大约 3600 年前的埃及，猫才在家养环境中经常和人类一起出现。当时它们被带进人类的住所，主要是为了控制啮齿动物的数量，后来则是出于宗教原因。然而即使在那时，它们仍然没有被驯化。当时，世界大部分地区的猫仍是野生的，只有在埃及，猫与人类生活在一起。你似乎可以把猫带出丛林，但无法除掉它们身上的野性。其他所有家养动物都经历了一遍又一遍地培育和选择，从而培养出家养习性，并剔除野生习性。但是从古到今，人类根本没有特地选育猫以获得驯化特征。[①] 即使在今天，猫的选育也只是根据身体特征而不是性格。

我们基本没有成功干预过猫的基因，虽然猫已经在人类身边繁衍了很多年，家猫和它们的非洲野猫祖先仍然是同一种猫（尽管为了清楚起见，有时家猫被称为猫亚种）。非洲野猫、欧洲野猫和家猫之间的遗传差异并不比任何两只家猫之间更大。遗传学研究已经证明，家猫与它们的野猫近亲的区别几乎只有毛发颜色，以及在部分品种中通过定向繁育产生的一些其他表面上的生理差异。这种差异可能包括野猫身体更结实，毛发更浓密，皮毛呈中棕色或浅棕色，且有特别清晰的深色环纹等。相比之下，狗和它们的野狼祖先已经不是同一物种了。

虽然我们乐意将家猫称为驯养动物，但实际上，它们的地位更接近如鹿、骆驼和亚洲象，或者像老鼠或麻雀这样与人类共栖的动物。人类不认为这些动物是温驯的。猫之所以特立独行，正是因为从行为的角度来看，它们在很多方面仍然有着先天的野性。

的确，家猫的祖先起码得有最低限度的社会化的能力，甚至渴望社会化才有可能被驯化。如果非洲野猫不具备这些条件，我们可能根本就不会有宠物猫。相比之下，欧洲野猫实在是太不友好，以至于它可以让最忠诚的猫奴说出"我更喜欢狗"这种话。用一位动物学家的话来说，即使是和一只欧洲野猫幼崽待在一起，也是"可怕的"。另一名观察员说，四个星期大的小猫"完全无视你，就好像你不存在一样"。面对人类的互动和鼓励它们玩游戏的举措，它们往往会无动于衷。所有猫主人面对这样的冷漠都会觉得沮丧。当欧洲野猫性成熟时，用另一位动物学家的话说，它们会变得"骄傲而大胆"。它们会像豹子一样，经常恐吓凶猛的大型犬，即使由人类亲手抚养大，它们也"凶猛而倔强"。

---

① 第一个有记录的猫选育计划是 1999 年左右在日本皇宫进行的。当时日本人试图控制猫的交配，不让它们在户外出现，最终因老鼠对养蚕业的毁灭性打击而停止。

非洲野猫与它们的欧洲姐妹在两万年前分离，它们比北方猫科动物友好得多，在本性上更容易被驯服，这让它们从基因上就有与人类成为朋友的可能。19 世纪，在非洲进行研究的欧洲博物学家描述了原住民是多么容易捕捉和饲养非洲野猫幼崽，"让它们在小屋和围栏里生活，在那里它们长大，并与老鼠展开自然战争"。[6] 1968 年，另一位在罗得西亚（今天的津巴布韦）的欧洲人写道，虽然这些野猫幼崽最初很难饲养，但很快就变得与人非常亲热。

> 这些猫做事从不半途而废。例如，有时它们外出一天，回到家后会变得无比深情。这时，人们就需要停下自己正在做的事情，因为它们会在你写字的纸上走来走去，蹭你的脸或手，或者跳上你的肩膀，在你的脸和你正在读的书之间转圈，在书上面打滚，发出呼噜声、伸伸懒腰。尽管有时它们的热情会下降，但一般来说，它会要求你全身心地去关注它、陪伴它。[7]

听起来熟悉吗？

然而，与非洲野猫成为朋友的人说，虽然它们确实对人类"无比深情"，但比家猫更无法忍受人类的惩罚。此外，它们也有很强的领地意识，可能会捕食家里的其他动物。现在想想，我们的家猫与非洲野猫在4000 年前才分离——这在漫长的进化历史中只是眨眼一瞬。（对比一下，狮与豹之间有着 100 万年的基因差异。[8]）难怪我们仍然能在家猫身上看到这么多的未驯化习性。真正的"家猫爱好者"喜欢猫，是因为他们为这些本质上还是野生动物的小东西能够选择和我们生活在一起而感到敬畏和荣幸。

家猫的历史

野猫可能在大约一万年前开始与人类交流，当时新月沃土地区（新月沃土是指中东两河流域及附近一连串肥沃的土地，包括今日的以色列、巴勒斯坦、黎巴嫩、约旦的部分地区，叙利亚，以及伊拉克大部和土耳其的东南部、埃及东北部）出现了农业社会。谷物会吸引老鼠，而人类很快便发现猫擅长捕捉老鼠。猫确实是强大的猎手，即使在今天，即使有食物供应。据记录，一只猫在 23 年里捕捉了 22 000 只老鼠，平均每个月 80 只；一只不到 6 个月大的小猫在 4 周内捕捉了 400 只老鼠。[9]

在商船和士兵的帮助下，猫在公元 300 年至 500 年间涌入英国。在亚洲，米克猫（杂色猫）的传播是因为人类相信它们可以预测海上风暴。猫在伊斯兰国家一直很受尊重，甚至受到《古兰经》的保护，因为它是穆罕默德最喜欢的动物。

然而，基督教国家与猫的关系则更为复杂。在欧洲，人们最初认为猫出现在耶稣出生的马厩里，并保护他免受魔鬼伤害。但诸如猫与异教月亮女神戴安娜的联系等其他事情逐渐让基督徒把猫与魔鬼和巫术联系在一起，在整个中世纪猫都遭受扑杀，甚至被烧死；那些对猫表现出过度兴趣的人，尤其是女性，也会被如此对待。在欧洲，由于猫几乎消失，使得老鼠肆虐、黑死病传播，导致 1/4~1/3 的欧洲人口死亡。猫的用处最终推翻了迷信：十字军回到欧洲后，带来了大量的褐鼠和瘟疫，人类再次容忍了世上最高效的啮齿动物捕手。

出于同样的目的，猫在 17 世纪乘坐英国船只来到美洲。在修道院，猫被用来保护珍贵的手稿免受啮齿动物啃咬，僧侣们更喜欢特定颜色和皮毛的猫，因此引进了克拉特和夏特尔蓝猫。当巴斯德在 19 世纪发现微生物和细菌后，猫因为相对爱干净的特点而更受欢迎。这一切都发生在还没有大量证据表明陪伴宠物对人类健康有显著益处之前。

驯服野性：社会化过程

由于猫不容易被驯服，所以让它们对其他猫和人类友好的唯一方法就是让它们社交。这一过程必须在出生后非常敏感的 5 周内（第 2~7 周）进行。猫妈妈、其他小猫和人类都在社会化过程中发挥着作用。你的猫小时候与其他猫的社交程度对它今后与其他的猫相处起着至关重要的作用。猫与人的关系也是如此。如果小猫在第 2~7 周的"敏感期"内不与人互动，并且没有看到猫妈妈与人互动的积极示范，那么以后可能很难让它们与人相处。因此，如果野猫妈妈允许人们接触，它的小猫也可以与人互动；相反，如果家里没有人努力和猫互动，即使是在家出生的小猫也可能很快恢复野性（非社交）。猫离成为野生动物只有一步之遥。

如果人类在小猫出生 2 周内的社会化尝试收效甚微，那么在 7 周之后成功的可能性也大大降低。一只在敏感期没有良好社会化的猫，很有可能与人、与家里的狗，甚至与家里其他猫的关系都不会太好。邦尼·比沃尔博士说，这样的动物在正常的社交环境中是"有缺陷的"，如果被迫社交会承受"很大的压力"。[10] 如果人类正确地将小猫社会化，每年将挽救千万只猫的生命。同样至关重要的是，小猫在 12 周大之前都要和它们的同伴和妈妈待在一起。否则，你可能会看到更多的行为问题，如攻击行为增加和做出随意的动作。太早和猫妈妈及同伴分开的小猫会更容易激动，平静下来更慢，它们无法学会如何恰当进行游戏（见第七章），这正是它们的妈妈和同伴应该教给它们的。

负责任的饲养者和猫收容所应确保让小猫接触各种各样的人，甚至可能接触其他物种（如狗），这样它们去新家前可以得到适当的社交训练。在小猫的发育阶段，如果有人照料，可以带来许多积极影响，例如让小猫更早睁开眼睛、更早断奶和更少依赖猫妈妈、更喜欢探索。[11]

在敏感期，每天只需 15 分钟，你就可以很好地让小猫学会互动。最理想的互动时间可能是一个小时，研究表明，更长时间的陪伴也不会带来更多的帮助。[12] 但你也许会愿意花更长的时间陪你的小毛团，因为它们太有趣了。小猫会对任何与它进行过互动的事物产生强烈的依恋感。如果你看过猫与狗睡觉，与鸭子或老鼠嬉戏，或与大猩猩依偎在一起的照片，你就能明白早期社交的力量。

小猫的模仿能力也很强。比沃尔博士写道，一只与狗一起长大的小猫通过观察它的同伴学会了在树边抬起腿。[13] 我有一个客户，他的小猫有一次看到他用卫生纸收拾它的便便，之后就会在如厕后找些卫生纸把便便盖住。我听说过有小猫看主人刷牙，然后会用爪子蘸着水碗里的水揉搓它们的牙齿，或者一只猫看一只狐狸一遍又一遍地潜入鼹鼠丘捕捉鼹鼠，之后也养成了这样的习惯。

不幸的是，你无法完全扭转小猫因没有得到适当的社交训练带来的后果。尤其是那些野猫的主人，必须降低对它们的期望。在一项研究中，近一半在 7 周大之前没有被人类抚摸过的野猫，不能被主人抱超过一分钟。不过主人表示，他们仍然很满意自己未被驯服的小宠物。期望就是一切。这些猫即使不愿意被频繁抚摸或坐在主人膝盖上，也可能会跟随主人四处走动，以其他方式给予和寻求关注与喜爱，并与它们的看护人建立起非常密切的联系。

虽然你无法回到过去，让你的猫学会社交，但是你可以用和谐的、循序渐进的方式把你的猫介绍给其他生物，甚至让那些不爱社交的猫重新学会和别的猫和谐相处。

营养充足的小猫

　　良好的营养对猫的社会化（以及成长的其他方面）也是至关重要的。和人类的孩子一样，小猫如果因为任何原因营养不良，诸如它们的母亲营养不良，或是它们与母亲分离等造成的营养不良，都可能会导致大脑发育不良、学习能力低下和身体发育迟缓。它们会对刺激更敏感，对其他猫的反应更弱；雄性可能表现出更多的攻击性，雌性可能比平时攀爬得更多或更少，两者都更爱叫，更难与猫妈妈建立联系，玩耍时也会出现更多的事故。适当的饮食可以解决轻度或短时间的营养不良，而严重的营养不良则可能导致永久性的学习障碍。没有猫妈妈喂养的小猫，或在出生前或出生后一个月内猫妈妈接受低蛋白饮食的小猫，会表现得迟钝，或做出过度合群的社交行为。

领地意识、冲突与社交成熟

　　要了解你的猫为什么会有那些你讨厌的行为，你需要了解猫的领地意识。猫的社交行为（或"问题"）与它对"和其他猫在室内或室外的活动范围重叠"的容忍程度密切相关。在野外，公猫的活动范围约为 0.6 平方千米，母猫则约为 0.17 平方千米。领地，也就是一只猫抵御其他猫攻击的区域。通常家猫的领地比房子小，但野猫的领地却比我们的房子大得多。一只猫离另一只猫的领地中心越近，防御者就越有攻击性。

　　幸运的是，家猫可能不仅天生比非洲野猫更善于交际，而且更愿意生活在一个共享领地的社会群体中，尤其是在群体中长大的猫。即使是雌性野猫，在占统治地位的雌性首领的监管下，通常也会建立一种互帮互助的机制。母猫们共同承担防卫、训练小猫、抚养以及哺乳小猫、捕食或从某人后院鸟舍带回食物的职责。（雄性则很少融入这种团体或参与抚养，因为它们会试图吃掉幼崽。）在产子的时候，其他的母猫会帮忙用牙齿咬断脐带，吃掉胎盘，舔干净小猫的肛周区域。就像家猫一样，野猫依偎在一起睡觉，用我们觉得很感动的方式互相梳理毛发。事实上，与家猫相比，野猫之间相互攻击的频率反而较低。

为什么家猫比野猫更爱打架？当一只野猫在野外感受到威胁时，它有大片的地方可以逃跑，但被迫住在四面封闭的环境、得共享更拥挤领地的家猫则不得不在高压环境中划定领地。试想一下，在一个有 10 个房间的房子里，室内雄性猫会试图占据 4~5 个房间的地盘，雌性猫会占据 3~3.6 个房间的地盘。再试想一下，在美国和几个欧洲国家，每户猫的数量比以往任何时候都多（当然，我们大多数人的家也没有 10 个房间）。就像是 5 个蹒跚学步的孩子挤在一个房间里，但是只有 2 个玩具供他们玩。

对猫来说，地位和领地的联系是密不可分的，所以猫会想方设法提升地位以获得更多的领地，反之亦然。优势地位是相对的，社会地位则取决于特定的地点或环境。早上，可能是这一只地位较高的猫坐在猫爬架的顶端，但晚些时候，它可能会听从另一只猫的要求让出那个位置。同样，地位较高的猫可能会在地位较低的猫的睡眠区域听从后者。通常情况下，只要给点时间，猫与猫就可以自行解决问题。因为猫的等级制度与领地问题密切相关——谁在什么时间拥有什么空间。猫行为学家用一个术语来描述这种分时安排：时空等级制度。

相处融洽的猫通常会共享空间或往返于重要资源的路径，即使在一天中的同一时间也是如此。但是那些比较胆小或更有领地意识的猫则可能改变它们的预期路径。就像十几岁的孩子一样，有领地意识的猫会花更多的时间待在自己的房间里或远离彼此。有时候，只有当它们和你一起躺在床上或沙发上时，你才能看到它们同时出现。因为床意味着满足和安全。你的猫可能会认为它是一个安全区。

然而，这种游戏不可能总是和平的。它可能还包括各种形式的攻击，而与攻击相伴随的是应激与压力——猫因此会到处撒尿。如今，多猫家庭越来越多，猫出现"问题行为"的概率也大大增加。单猫家庭的猫因为行为问题被送进收容所的概率是 28%，如果再增加一只猫，那么这个概率将上升到 70%。[14] 在单猫家庭中，小猫乱尿的可能性约为 25%，但当你把 10 只猫塞进一间房子时，这种可能性就会增加到几乎 100%。

你可能还会看到猫互相威胁甚至争斗。猫的社会等级没有狗那么严格，所以如果你的猫像狗一样充满自信，不愿意后退或服从另一只猫，就更有可能发生冲突。地位排名越接近的猫通常越容易发生争斗。由于压力增大，警惕性增加，你的猫看到或感觉到你家门外有一只陌生的猫。这也会导致更多的行为问题。

幸运的是，家猫们已经自发地采用时空等级制度巧妙地解决了家庭面积和资源有限的问题。此外，通过反复试验，用气味标记来传达信息（见第九章），以及一段微妙的动作等方法往往奏效。

但事情并非总是如此。很多行为问题都是在猫达到社会成熟的时候开始的，我们已经了解了猫的领地有多大。有时，即使是早期完成很好社交训练的小猫也会因为领地问题而对同伴产生敌意。虽然小猫不是生来就具有领地意识，但它们在两岁到四岁之间会步入社会成熟期，最终会驱使它们走向成熟。（性成熟不同于社会成熟，性成熟可能发生在 5 个月大的时候，所以不要低估这些小猫！）随着社会成熟，它们告别了无忧无虑的小猫时期，开始从一个严肃的角度看待自己的环境。生存本能促使它们集中精力通过保护领地来保护自己和占有资源，这时你家里的麻烦可能就要开始了。

曾经最要好的两只猫可能会在它们两岁生日的时候突然解除好友关系。在极端的情况下，你甚至不能留这两个曾经的朋友单独在家，否则回家之后你就可能看到一地猫毛，不得不带一只或者两只猫去看医。如果你的猫在两岁到四岁之间开始出现问题行为或之前的问题变得更糟，现在你至少知道了一个可能且非常自然的原因。

然而，不管别人怎样告诉你，此类问题并不是毫无解决的希望。因为，你可以帮助你的猫和平相处。是的，信不信由你！不管是在那些第一次见面的猫，或者曾经是朋友、现在却彼此疏远甚至敌对的猫，你都在它们相处的过程中扮演着重要的角色。如果真的发生这样的问题，最好不要听之任之，否则你可能在今后的很多年内都得承受相应的后果。除非你干脆放弃，把猫分开，或者弃养其中的一只或多只。这个问题非常重要，它会对你和猫的生活质量产生长期的影响，所以我将在下一章教你如何应对头次见面的两只（或更多）猫，或者重新介绍那些曾经相处得很好但现在表现得像敌人一样的猫。

狗来自火星，猫来自金星

如果说在家养动物中有谁是来自火星和金星，那一定是狗和猫。事实上，狗和猫的心理差异可能比人类中男女之间的差异更大。然而，许多熟悉狗的猫主人总是试图用训练狗的方法来训练猫。这是一个巨大的错误。阿尔法模型在狗身上的有效性尚且存疑，[①]大多数阿尔法研究都是在狼身上进行的，而狼的谱系与狗的谱系在 10 000 年前发生了分化，并且狗又经过了 4000 年的驯化，它俩已经完全不同）。狗和猫的本能及语言区别更大，阿尔法模型绝对不适用于猫。

因为猫的行为不像阿尔法狼，任何猫科动物群体都缺乏明确的阶级层次。所以猫不会考虑与主人的关系，也不会考虑如何与同伴分享领地，它们只关注自己的领地。虽然猫群中也可能有一个阿尔

---

① 在狼的世界，阿尔法狼通常是它所在狼群的好领导，因为它可能是父母，可能年龄最长或者在这环境中生活时间最长的，而不是因为它最具侵略性。阿尔法狼通常只会攻击群体外的入侵者。

法雄性，但那只代表这只猫占领了更多的领地。猫的社会系统非常松散，可能有一些等级，但它更加灵活和微妙，并且可以随着一天中的时间和位置而变化，猫是分时安排领地的专家。

虽然猫的大脑与狗相似，并且它们学习的方式也相似，但许多用在狗身上的方法无法套用到猫身上（不过响片训练是个例外，见附录Ａ）。

Chapter.
④

第四章

猫的礼仪：结识新友与故交的艺术

"你在跟谁说话？"国王说。

"这是我的一个朋友——柴郡猫，"爱丽丝说，"请允许我介绍一下。"

"我一点也不喜欢它的样子，"国王说，"不过，如果它想，它可以亲吻我的手。"

"我不想。"猫说。

——《爱丽丝梦游仙境》

你非常高兴，因为马上就要领养一只新的小猫。你迫不及待地想看到它和家里的那只猫成为朋友，在房子里相互追逐，相互梳毛，依偎在一起睡觉，做着那些彼此喜欢的猫会做的一切令人愉快又滑稽的事情。你可能认为它们会自然而然地这样相处，可是，出于猫的本能和生存习惯，这种友好的相处模式可能根本就是不自然的，只有在外界（主要是猫主人）的帮助下才能实现。是否能让它们如你所愿成为朋友，取决于你如何设计它们最初的邂逅。

按照本章将要讲述的方法，你得把每只新来的猫小心地介绍给所有原住猫。太快，或是用不正确的方法引介新猫是导致一系列行为问题的重要原因之一。我见过许多客户试图让它们的猫在几天内就变得熟悉起来，后果很严重（不过别担心，我的方法可以成功让猫重归于好）。糟糕的初次见面，可能让两只猫在同一个房间里甚至共处不了 5 秒钟，其中一只会暴起攻击另一只。许多客户甚至认为他们别无选择，只能把两只猫永远分开养，或是送走其中一只。第一印象会影响猫的一生（大部分猫都是这样），也往往成为猫被遗弃的一个重要原因，所以正确的介绍至关重要。初次见面是否愉快极大程度地影响着今后这些猫能否和谐相处。它们会成为敌人，互不干涉的陌生人，还是成为亲密无间的室友？你可以采取很多行动来促进它们形成最后一种关系。

接下来，我会详细地向你展示如何进行"猫间的初次介绍"，如果你没有马上带一只新猫回家的打算，或者目前你家里的猫相处得很好，你可以暂时跳过这一章。然而，如果你打算收养一只新猫，或者你家里的猫已经互相看不顺眼很久了，我强烈建议你仔细阅读本章和第七章关于攻击性的内容。

初次介绍

在接下来的内容中，我将告诉你如何将新来的猫介绍给你的原住猫。

如果你家里有不止一只原住猫，你需要一只只分别介绍。千万不要直接带着新猫回家，然后招呼也不打就把它扔到原住猫的地盘上。相反，我们应该：（1）一开始避免这两只猫之间的任何接触；（2）慢慢地建立起猫之间的积极联系，一次只涉及一种感官。我们将通过给猫提供奖励、关爱和快乐，同时缓慢地让它们彼此脱敏来做到这一点。猫科动物交流最重要的感官方式是气味，也是我们要着重入手的地方。

让猫重归于好的内格尔施耐德法

客户们以我名字命名这种让猫重归于好的方法——内格尔施耐德法。如果现在你的猫非常具有攻击性，你就可以采用内格尔施耐德法，以及第七章的C.A.T.计划。其整体操作和你初次介绍新猫与原住猫差不多，但也有一些不同，因为通常只有两只猫需要重归于好。此外，这些旧时朋友今日仇敌的猫可能比初次见面的猫关系更紧张，当它们出现在彼此周围时根本无法放松。

第一印象：脱敏、适应和对抗性条件作用

脱敏过程包括缓慢而循序渐进地将一只猫暴露在另一只猫的视觉、听觉，尤其是嗅觉中。整个过程中要始终确保这些刺激不会让猫感到不安。

当你的猫不再因为另一只猫的出现而一惊一乍，彼此之间表现得或热情或冷漠或无所谓，这就说明你的猫已经相互适应了彼此。在整个过程的最后，你的猫应该会相处得很好。但在脱敏和适应过程中或之后，即使你的猫看起来对彼此漠不关心，仍然算是取得了巨大的成功，因为这可能是好消息的开始。

对抗性条件作用是一种行为矫正技术，即用条件反射的方法，使一

种良好的反应或行为替代原本不良的反应或行为。我们可以通过将猫喜欢的活动（如玩耍或进食）与另一只猫的气味、声音或样貌配对来达到目的。在这个过程中，游戏是一个非常重要的工具。让一只猫保持活跃的玩耍状态可以有效防止它感到恐惧，因为猫无法一边快乐玩耍一边担惊受怕。这个过程中，正餐之外的食物和零食是很重要的奖励机制，不过一定要把零食切成小块，否则会影响它们正常的营养摄入。

第1步：在新猫回家之前搭建舞台——安全屋和信息素

猫的视角：信息素

研究发现，猫有五种面部信息素，在用皮脂腺摩擦其他动物或物体时释放。猫的爪垫、脸颊、侧腹、尾巴、前额、嘴唇、下巴、耳道、肛周和尾巴根部都有皮脂腺。猫喜欢蹭别人，也喜欢被抚摸。事实上，简单抚摸猫的面部就可以帮助它们放松下来。

猫会本能地在自己领地边界和路径上留下一种名为F3的面部信息素和自己独特的气味，以识别哪些物体是已知的、安全的。它们也可能用这种方式把自己的气味和其他猫的气味混合在一起，这是多猫家庭中创造群体气味的一种方法。这种群体气味可以减少猫与猫之间的敌意，使它们彼此更熟悉、更亲近。如果你把同样的面部信息素（F3）散发到猫周围的环境中，也可以让猫更平静、更自信。过去，研究人员得先用一块布狂擦猫脸，然后再在实验室里跑来跑去以散发气味。而现在已经有更简单的方法来散发信息素了。

目前，人工合成的面部信息素有手持喷雾式和类似电蚊香的挥发式两种，在宠物用品商店和网上可以买到。我将它们统称为信息素。

如果你能够提前计划，在准备带新猫回家前的两周，就可以在家里原住猫常待的地方插上挥发式信息素，并在你为新猫到家后准备的安全屋也插上信息素。安全屋得是一个可以完全封闭，专属于新猫的房间。最好是原住猫很少逗留或是不太喜欢的房间。一个安排妥善的安全屋应包含两个猫砂盆、食盆、水碗、新的玩具、无味的（或新的）能够休息的场所和猫抓板。猫砂盆应尽可能远离食盆和水碗。安全屋应该有一个可以躲藏的地方，比如床或其他家具下面，也可以是以下这些：一个侧放的大空盒子、一个猫隧道、一个敞开的大纸袋，或一个有小房间的猫爬架。安全屋内不能存在任何安全隐患，比如不能有容易被吞食的东西（绳子、塑料袋）或晃来晃去的绳子，电源插座要安装防护套。如果你选择用浴室作为安全屋，记得放下马桶盖，任何加热通风口盖上都要放一个重物，防止受惊的猫钻进通风管道。（第五章将帮助你了解更多有关如何建立猫的领地的知识。）

在你将新猫带回家的那天，在猫鼻子的高度附近（离地面约 20 厘米），用手持喷雾式信息素喷洒安全屋门的两侧和周围表面，以及安全屋内猫可能接触到的其他几个位置。千万不要在猫砂盆及饮食区域喷洒信息素，也不要直接喷到猫身上。如果可以，在原住猫那边也插上信息素。在安全屋里放上一套专门与新猫互动时穿的衣服，如果房间有门缝，记得用卷起的毛巾堵住。水碗装满水，准备好食物和零食，等新猫来的时候再打开，并把两个猫砂盆也装满。如果新猫已经习惯了一种不同于原住猫使用的猫砂，你可以借此机会开始一点点掺着改变新猫的猫砂。做好这些，你就基本可以迎接你的新猫了。

即将接新猫回家前，先把原住猫关在别的房间，尽可能远离安全屋以及你家大门到安全屋的这一段路，不过关门之前要确保原住猫心情愉快，如果它看起来心情不太好，可以陪它玩几分钟。

把新猫带到安全屋的路上让它一直待在航空箱里。到了之后，播放一些舒缓的音乐，换上你之前准备好的衣服，把你刚才穿的衣服挂在一个不会与新猫有任何接触的地方，然后打开航空箱，让它自己出来。如果等了一段时间，新猫看起来一直很紧张，也不想走出航空箱，就在航空箱外面放一些食物或零食，也可以用玩具来帮助它放松，诱导它出来。允许它探索整个房间，一定要花足够的时间和它在一起，抚摸它，和它说话。

在你离开安全屋之前，换下安全屋的衣服，然后关上门，直接去洗手（如果你和新猫贴过脸，也记得洗脸）。洗手更衣的原因是为了避免让你家的原住猫因过早闻到新猫的气味而不安，尤其是要避免让它发现你这个稀缺资源弥漫着别的猫的"香水味"。

最初的几天，把新猫留在安全屋里，尽可能多地和它在一起，陪它一起玩耍并给予足够的关注。当然，也要继续和原住猫一起玩。

第 2 步：制作一只充满面部信息素的气味袜子

新猫　一旦新猫在新环境中表现得舒适放松，并且没有任何应激迹象（每天正常地吃喝玩乐），并且原住猫也都相对平静，那么就是时候引入彼此的气味了。

把一只留有你气味的干净袜子（最好是薄而光滑的袜子，且须确保其上面没有漂白剂或其他强烈气味）套在手上，然后轻轻抚摸新猫的脸颊，重点是它的胡须和脸颊、嘴角（唾液聚集的地方）、山根和太阳穴（猫的太阳穴在眼睛上方、耳朵下方）。这些地方会有猫的口水，也是它分泌友好的面部信息素的地方。整个过程时间不要太长，只需要几秒钟。如果猫看起来有任何不舒服的表现，就缩短时间。最后，再在摸过猫的袜子上喷一点儿信息素。

如果新猫很抗拒我们用袜子揉它的脸，那就把袜子放在它睡觉的地方几天后再进行尝试。

一旦袜子沾上了新猫的气味，就可以把它放在原住猫常待的地方。

找个非常显眼的位置，比如房间中央，但不要将气味袜子放在重要资源，如食盆、水碗或休息区附近。找好位置后，一定要在充满新猫气味的袜子旁边放一些零食或少量猫粮，以帮助原住猫对新猫的气味产生积极的联系。

原住猫 现在，使用另一只干净的袜子，对原住猫做同样的事情，然后把这只带着原住猫面部信息素的气味袜子放到新猫的房间并进行同样的布置。如果你有两只及以上的原住猫，从最冷静、反应最小的那只开始。每只猫单独用一只袜子，给它们贴上标签，或选择不同的颜色来区分这些袜子。

新猫和原住猫 每天都要更新一次所有袜子上的气味，把原住猫的气味袜子从新猫的房间里拿出来，让原住猫嗅一下（因为现在袜子上已经有新猫的气味），如果原住猫没有表现得非常抗拒，就用这只袜子再次抚摸它的脸，然后放回新猫的房间。新猫的气味袜子也一样处理。如果猫对气味袜子有任何负面反应，就重新换上一只新的干净袜子。这个操作至少要重复几天，或者直到所有猫都对有其他猫的气味的袜子没有反应为止。

现在是时候开始混合出群体气味了，但仍然不要让猫直接看到彼此。

第3步：像真正的社交促进者一样混合气味

猫之间的互相梳理与揉蹭相当于人类的亲吻和拥抱。一只猫给另一只猫舔毛或梳毛是一种自然的依恋行为，有助于猫建立群体气味，产生熟悉感，能帮助它们更好地相处并建立联系。一只猫去蹭另一只猫或蹭你，也可以帮助保持群体气味。猫与猫之间的揉蹭是一种打招呼的方式，但这个行为通常不是相互的，而是地位低的猫去蹭地位高的。当一只野猫打猎归来，其他的猫都会去蹭它，就像你家里那只猫在你"打猎"回来时，会在你的裤子、鞋子或你带回来的东西上蹭脸一样；它们可能在为你和你的物品做标记，以确保家中的正常气味延续。英国兽医行为学家乔恩·鲍恩和莎拉·希思甚至说："在所有猫科动物的社会行为中，揉蹭是猫科动物与主人关系中最重要的一种。"[1]

辅助猫的相互梳理

我总是向那些家里猫不合群、互相回避或还没有见过面的客户推荐这种辅助猫之间相互梳理毛发的方法。想要做好猫之间的初次介绍，需要你扮演猫行为学家所说的"社交促进者"的角色，也就是中间人。这项工作需要你使用气味袜子为你的猫制造并保持一种群体气味。如果这个方法实现不了，还有一种协助猫相互揉蹭的方法，就是用梳毛刷逐一给你的猫刷毛，这对不喜欢被揉脸的猫特别有用。

在一些多猫家庭中，有的猫扮演着社交促进者的角色。"社交促进者"是指那些主动接触其他不同小团体或派系的猫，并与其他猫进行亲密社交行为的猫，我们可称其为"社交达猫"。社交达猫会先给这一只猫（或一群猫）梳毛或揉蹭它（们），然后很快对另一只猫（或一群猫）做同样的事情。因此，社交达猫会让各只猫的气味在群体中蔓延开来。通过混合所有猫的气味，社交达猫制造出群体气味，有助于维持猫之间的联系，减少它们之间的压力或敌意。如果社交达猫离开、死亡或生病，群体气味就会消失——你可以预见到，其他猫可能会翻脸。你可以把社交达猫想象成猫世界中信使与外交官的结合体。有时候，猫主人也会在不知不觉中成为"社交促进者"，比如，通过抚摸、梳理或抱起不同的猫，把所有猫的气味混合在一起。[2]

而你要做的第3步是辅助猫的相互梳理，就是用气味袜子（或其他的布制品，但袜子更好）帮助它们混合气味。

你已经在第2步得到了有着一只猫的气味的气味袜子，现在要开始将气味分组混合，再用到每只猫上。如果你有好几只原住猫要介绍给新猫，从反应最小、最友好的那只开始，等它们彼此熟悉了再介绍别的猫。

下图画出了这个方法的步骤。

将原住猫的气味袜子送给新猫

用另一只干净的袜子开始这次的气味交换。用袜子轻抚原住猫的脸（H1）。然后把原住猫袜子和一些新猫特别喜欢的食物拿给新猫（H2）。让它闻一下袜子上的气味，确保它没有表现出任何负面反应。

观察它的反应

• 如果新猫对袜子的感觉尚可，给它更多的食物。然后用袜子抚摸新猫（H2）。这会让新猫的气味也沾到袜子上，同时把原住猫的气味蹭到新猫身上。你可能会认为，如果它嗅了嗅袜子后什么反应也没有是一个坏兆头，但实际上并不是。相比于负面反应，漠不关心是一个非常积极的反应。

• 如果新猫在嗅袜子或被用袜子抚摸时显得不安，请立刻停止。不要强硬地推动这个过程。把袜子放在它的房间里，周围放一些零食或猫粮（但不要靠近它平时进食的地方），以便建立积极的联系。不用对它的反应感到气馁，你只需要放慢节奏。回到第 2 步，继续向新猫展示沾染了原住猫的气味的袜子，并提供食物或零食，直到它没有任何负面反应。然后再次尝试用含有原住猫气味的袜子抚摸它的脸（H2）。

• 如果新猫还是非常抗拒用有原住猫气味的袜子抚摸它，那么它也可能只是不喜欢被人摸脸。试试改用梳毛刷。用梳毛刷从原住猫的脖子开始，一直梳到侧腹部，然后用同样的刷子去给新猫梳毛——这也是制造群体气味的一种方式。如果新猫和原住猫都可以接受梳毛这种方式，那么就接着梳几天，让猫的气味互相传递。

再向原住猫展示混合气味袜子

如果新猫对原住猫气味的袜子反应良好或无动于衷，并且你成功用

社交促进者

H1　　H2　　H3　　H4

N1　　N2　　N3　　N4

inspired by Tatianna and Tuuki

袜子抚摸了新猫，下一步是将这只混合了气味的袜子再带回给原住猫，并让它嗅闻（H3）。

如果原住猫没有负面反应，请用袜子再次轻揉它的脸。如果它确实有点儿抗拒，请按照上述分类和处理方法，再让它适应一段时间，或使用梳毛刷。无论它的反应是什么，最后把混合了气味的袜子与零食或一点猫粮一起放到原住猫旁边（H4）。至此，这次混合气味的循环结束。再次强调，不要把袜子放在它经常吃饭或休息的地方。

将新猫的气味袜子送给原住猫并且重回新猫

接下来，拿第二只干净的袜子，先抚摸新猫的脸（N1），然后给原住猫嗅闻这只带有新猫气味的袜子，如果它没有负面反应，用这只袜子摸摸它（N2）。然后把混合气味的袜子拿回给新猫，同样让它闻一下，如果它没有负面反应，再次摸摸它的脸（N3）。无论新猫对混合气味袜子的反应是好是坏，都要把它和零食放在新猫附近（N4）。

确保每天使用气味袜子，坚持至少 30 天，以帮助保持群体气味。但之后如果你的猫在没有群体气味的情况下又开始打架，你可能会想重来一次，但你不再需要每天都用一只新袜子。随着时间的推移，曾经对其他猫气味不了解的猫会逐渐开始放松，甚至会在袜子上留下自己的面部标记。

可以参阅前面插图，以便更清楚地了解这个烦琐（但并不很耗时）的过程所涉及的内容，每天只需要几分钟就可以完成。

虽然我们建议这个替代猫相互梳理的简易方法尽量持续一个月左右，但如果两周之后你的猫们就已经完全习惯了彼此的气味，那你就可以开始进行下一步，让猫看到彼此；但如果一个月后猫还是有负面反应，就得延长这个方法的使用时间。

辅助猫的相互梳理可以让猫重归于好

根据我之前干预过的数千个案例的结果，我可以确定，辅助猫的相互梳理也可以作为计划的一部分，让那些因为太熟悉以至于互相看不顺眼的猫重归于好（你将在第七章确切了解何时使用它）。我使用的方法是独一无二的，我的客户在遇到我之前都对让互相看不顺眼的猫重归于好束手无策，因此他们用我的名字来命名这个方法，即内格尔施耐德法。许多客户还跟我反馈，一旦他们不再给猫梳理，或是减少次数，猫就又会翻脸打架了。

据我所知，此前没有其他猫行为学家采用这种方法。事实上，一些行为学家甚至对这个方法不以为然。但我确信这是因为他们没有完全理解这种做法的内在原因和注意事项。例如，一些人可能担心这种做法会因为将一只猫的气味强加给另一只猫而加剧它们的争斗，当然事实并非如此。因为在真正混合气味之前，我们已经让一只猫对另一只猫的气味建立了正向联系。

这个过程是循序渐进的，并且我们精心建立了正向联系，不需要担心猫会因讨厌其他猫的气味而去攻击对方。在数千个案例中，我从未碰到这种情况。

另一些人质疑的原因是，如果猫已经住在一起，它们的气味都无处不在，因此再交换它们的气味不会产生任何影响。但其实，猫的群体气味并非无处不在。正是由于猫之间缺少群体气味，才会导致麻烦不断。而且，与单纯让猫躺在沙发上闻彼此气味相比，通过互相梳理得到混合的群体气味是更好的方法。而且在后一种方法中，是你这个给猫带来爱与温暖的使者，一边抚摸着你的猫，一边把其他猫的气味带给它们。当猫B的气味通过你来传递时，猫A对它的反应可能比它直接在地毯或家具上闻到这个气味时要好得多。

第 4 步：培养自信的探险家——轮换领地

所有的猫都对自己探索过的领地更有信心，这就是为什么猫如此不寻常。缺乏安全感的猫可能会把恐惧转变为攻击，因此新猫需要安全地探索新家的陈设、声音，尤其是气味，以满足其好奇心，并把家中除安全屋外的其他地方纳入自己的领地。同时，把新猫的气味带进家里的其他地方，有助于让原住猫习惯家里来了一只新猫，让新猫最终顺利融入新家。

在你让新猫第一次离开安全屋之前，在家中所有地方猫鼻子的高度（大约离地板 20 厘米）喷洒信息素，包括它准备探索的房间的家具、门框，以及它准备探索的几条路径。信息素会鼓励新猫用自己的信息素在这些位置做标记，这将帮助它在这些地方感到自信和安全。

房子里的新猫

当家里没有其他活动时，你要让新猫每天在家里跑一跑。在让新猫出门之前，先把原住猫关到另一个房间里，确保给它们留下了足够的猫砂、食物和水。然后，打开安全屋的门，用逗猫棒或是一些零食来引诱新猫出来，不要强迫它。如果新猫拒绝出来，只需开着房门，让它看到和闻到家里其他的东西，然后再次使用逗猫棒和零食来尝试让它放松。在它探索期间，一定要保证安全屋的门是开的，确保一旦有风吹草动，它就可以随时跑回去。如果它不太敢走动或四处留下记号，就用干净的气味袜子抚摸它的脸，然后替它把面部信息素转移到四周的物件上。

最初的几次，新猫每天可能只愿意在家里的其他地方待上几分钟，但猫天生的好奇心会让它逐渐适应并延长时间。如果它在家里的其他地方看起来很舒服，那么逐渐将它在外面待的时间增加一半，同时让其他的猫待在安全屋或它们觉得很舒服的地方。重复这个过程后，新猫在整个房子里就都不再紧张了。给它足够的时间探索并发现所有它喜欢的休憩场所、逃生路线和藏身之处。你还需要通过玩玩具来激发它的狩猎本能，进一步增强它的信心。可以把玩具放在走廊上、沙发上、厨房里、猫爬架上等任何你觉得它之后会常待的地方，游戏结束后记得提供零食奖励。你还可以在家里的其他地方投喂它，让它与安全屋以外的区域建立起积极的联系。

安全屋里的原住猫

　　一旦新猫能够愉快地一连探索几个小时，就可以把它放在安全屋以外的房间里并关上门，并把一到两只最友善的原住猫带进新猫的安全屋。（如果你担心一只猫的恐惧可能会传染给另一只猫，那么就一次只带一只。）在充满新猫气味的安全屋为原住猫提供食物，让它们建立积极的联系。如果原住猫在那里看起来很舒服，就把它们留在新猫的安全屋里，同时让新猫离开它的临时房间，这样它就可以继续探索家里的其他地方。如果原住猫不太喜欢待在新猫的安全屋里，就让它们离开一段时间，确保将它们和新猫隔离在不同的区域，以便它们在任何时候都不会看到或接触到对方。几个小时后，再把原住猫放回安全屋，给它零食或小玩具，陪它玩，让它放松下来并与安全屋建立积极的联系。

　　如果这些猫看起来都很满意自己所处的环境，那就等几个小时，然后将它们送回自己的领地。每天至少做一次，持续几天，直到所有的猫都放松下来，能够探索彼此的领地而没有负面反应。根据猫的反应和你自己的执行情况，整个探索步骤可以在任何地方持续几天到几周，在此期间，你还需继续使用气味袜子或梳毛刷来强化群体气味。即使我们努力提高猫的舒适度，也必须尊重每只猫的不同性格。在让它们看到彼此之前，引导它们完成所有这些准备步骤，确保新猫和原住猫已经通过它们最依赖的气味的沟通形式，以及食物、零食和玩具等正向联系，对彼此有了一定的熟悉和好感。

即时满足还是循序渐进？

猫主人总是希望猫咪们快速成为朋友，因此匆忙地把它们介绍给对方，这经常会适得其反。如果你过早强迫它们在一起，可能会导致它们的恐慌和消极情绪。如果它们彼此已经产生了抵触情绪，到时候就可能需要花上两倍的时间才能让它们重归于好。从长远来看，循序渐进其实更省时间。

第 5 步：让观察期平稳过渡

终于，你的猫咪们第一次见面了！按照以往的惯例，猫之间的观察期最好发生在用餐或娱乐时间（即猫感觉最舒适的时间）。

对于重归于好或是初次见面遇到困难的猫

如果阅读本章的你正在试图让两只猫重归于好，或者一直试图向原住猫介绍新猫，但进展不顺利，你现在要做的是在安全屋门口安装一个挡板，例如儿童门栏或透明隔断。在隔断上留下每只猫各自的气味或喷洒合成信息素。在透明屏障的旁边还得准备一个临时的不透明屏障，比如一块硬纸板或一条毛巾，以防止猫一开始就看到对方。下面的说明适用于初次介绍或是重归于好的猫，但只有初次介绍时才需要挡板。

初次介绍或是重归于好

如果你让你的猫自由采食（正如我对大多数猫主人的建议，见第五章），你需要在它们会面前大约三小时把食物撤走，以确保它们在第一次看到对方时，会渴望你提供的食物奖励。当然，你也得知道它们喜欢吃什么。在你让猫隔着障碍物（或房间）就位之前，先看一下它们的情绪。如果其中一个看起来很焦虑，一定要和它玩一会儿来缓解压力。

当你确定猫准备好了，把食物放在距离挡板 3~6 米的地方（有时可能需要更远）。当它们开始吃东西时，移开不透明的屏障（如果有的话），让它们能看到对方，因为是在吃饭的时候第一眼看到彼此，这会让它们对"彼此在场时发生的事情"有一个良好的预期。如果你发现猫有任何负面反应，可以重新换上不透明隔断来结束这次观察；如果猫在同一个房间，可以用逗猫棒或是直接把它抱出房间来结束这个过程。下次观察时，把食盆放在更远的位置。如果猫不吃东西，可以通过唤醒它的狩猎本能（详见第五章）来帮助它放松情绪，然后再给它食物。

猫的视角

一些原住猫对它们的主人有着非常强烈的领地意识和占有欲，因此在原住猫面前拥抱新猫可能会让它们感觉受到威胁，并给它一个不喜欢新猫的理由。因此，你可以私下爱抚和拥抱你的新猫，并给予原住猫更多的关注，尤其是当它看起来更需要帮助时，不要让它争风吃醋。

你精心准备的第一次"猫间观察"只需要持续几秒钟。只需把门关上，或者在透明屏障前放一块纸板，这样两只猫就看不到彼此了。稍等片刻，然后开始新一轮的观察，持续几秒钟。只要你的猫对它们的食物或零食感兴趣，并且不显得紧张，就重复这个动作。在其中一只猫变得焦躁不安或开始恐吓另一只猫之前彻底结束。这样一来每只猫都将会记住，它见到了另一只猫时不仅没有发生什么坏事而且吃得很开心。这就是你帮助它们形成积极联系和相互熟悉的方式。如果一只猫一直试图接近另一只猫（或挡板），那就在观察过程中给它套上背带，或把它放在航空箱或猫围栏中。如果猫不愿意进食，就使用玩具，比如逗猫棒和它玩。猫应该待在它们的食盆附近。如果你使用障碍物，不要让猫靠得太近，以防它们通过障碍物互相嗅闻。用玩具等能够分散注意力的东西来打断猫咪间不怀好意的凝视。如果有猫变得有攻击性，结束观察。等它们冷静下来再试一次。

如果猫没有感到不安，就可以逐渐延长观察时间，缩短猫与猫之间的距离，同时还要记得喂它们。如果猫在观察期间非常紧张或你觉得这件事很有挑战性，千万不要让猫在没有你监督的情况下见面；若你没有在喂它们或是陪它们玩耍，就把它们关在各自的区域内。同时，你还应该持续进行每天一次的领地轮换，并继续使用气味袜子（如果你已经改用梳毛刷，也应该继续）。根据你的猫的情况，观察期可以持续几天到几周，直到每只猫都能够很放松地看着隔断对面的另一只猫。

如果你一直在使用隔断，下一步是让猫看到彼此之间没有任何东西。如果你认为一只猫可能会跳到另一只猫身上（即使是出于友好目的）并使其受到惊吓，请使用背带和牵引绳。让它们之间保持良好的距离，使用零食或食物和房间两端相距遥远的逗猫棒来帮助保持良好的气氛或在必要时分散注意力。你要全程监督，并在一切顺利时结束训练。如果有猫看起来比较紧张，请立即结束。随着时间的推移，观察时间可以逐渐延长，直到新猫和原住猫可以毫无芥蒂地待在一起。不过在一段时间内，新猫可能会希望继续保留这个只对它开放的安全屋。

当所有的猫都准备好在家中一起生活时，你要重新安放或添置食盆、猫砂盆和猫窝。

在观察期，你要注意的事项

- 按照猫的喜好，一点点推进。

- 让猫保持足够远的距离，以确保彼此感觉舒适。对于一些猫来说，刚开始至少需要距离 7 米。我不建议让它们透过门缝相互打量，我曾让客户自己尝试过，结果很糟糕。

- 在猫表现出任何激动或焦虑的迹象之前就结束观察。换句话说，要在一切顺利时结束观察。

- 让猫咪们在你的监督下见面，尤其是过程并不完全顺利时。

- 使用食物、零食和玩具来建立积极的联系，改善猫的情绪。

- 通过分散猫的注意力来打断迅速发展的不良行为。

- 永远不要惩罚或斥责猫。

如果你的猫在过程中的任何时刻发出嘶嘶声或低吼，说明进展太快了——它们要么靠得太近，要么互相观察时间太长，要么两者兼而有之。只有在猫没有表现出压力迹象的情况下，才能延长观察时间，并缩短彼此之间的距离。如果你的猫发出嘶嘶声、低吼声或表现得压力很大（甩尾巴、耳朵向后和其他侵略性的警告信号，详见第七章），你需要退后一步，缓慢推进这个过程，始终让猫将食物与观察联系起来，以帮助猫与猫建立积极的联系。若你太急于求成，你的猫会提示你的。

如果猫表现出攻击性姿态或其他即将攻击的迹象，请参阅第七章，了解当你看到猫马上就要打起来时该怎么办，以及当争斗真正发生时，你如何将它们分开。

若你在初次或重新介绍时遇到困难，要确保将每个步骤都操作几周。如果你在试图介绍相互陌生的猫时遇到困难，让它们只能通过障碍看到对方，并遵循障碍相关的说明。如果你已经这样做了，猫仍然反应强烈；或者你在过程中犯了错误，担心它们之间的关系出现滑坡，或许得咨询猫行为学家，或者考虑临时使用药物来帮助安抚具有攻击性的猫，并增强胆小猫的信心。响片训练是一种奖励良好行为的方式，它稍微复杂一些，但成功率较高，详情请参阅附录A。

Chapter.

⑤

第五章

『喵托邦』：
改造猫的领地

野生动物中最狂野的还是猫，它独来独往，所有地方在它眼中皆一样。

——《原来如此的故事》，鲁德亚德·吉卜林，《独来独往的猫》

猫生来就具有领地意识，一个原因是它们在野外没有其他可以依赖的同伴。一只猫就是一个群体，对自己的生存负有唯一责任。猫需要资源丰富的领地，并且有着一种强大的本能为自己（如果是母猫，也为它的幼崽）保护这些资源。这种渴望就像一种持续的低强度焦虑（就像一个为自己存款、爱情或时间规划发愁的人，或许在他看来这些资源也是有限的）。无论出于何种原因，每当猫对资源感到焦虑加剧时，就需要采取各种保护措施来缓解焦虑。此时它做出的行为就是我们所说的"问题行为"。

猫对稀缺资源的担心以及因争夺资源形成的压力不仅会导致行为问题，还会导致免疫力下降和健康问题。

注意

这可能是本书最重要的一章。猫与生俱来的领地意识是你必须了解的，也是最不被人欣赏的。你可以参考本章来纠正猫的每一个不受欢迎的行为，本章提出的建议也具有很强的预防作用，并且会在你与所有猫的关系中持续发挥作用。

了解猫生来具有的生存方式，有助于你创造一个以双方都能接受的方式引导它的本能的环境。除了交配本能（需要为猫做绝育手术以避免相关问题）之外，每一种行为问题要么源于猫的生长环境，要么可以通过改造环境的方法来改善。你需以此为基础来改善猫的居住环境，从而有效矫正其问题行为。让我们来看一个环境原因导致行为问题的例子。许多人的诉求都与猫在猫砂盆外排便有关。为什么会发生这种情况？并不是因为这些猫性情乖张，或者故意使坏，而是因为猫砂盆内或其周围的环境，甚至更大的环境中有某些东西让它们不安。猫经常在猫砂盆外排便，可能是因为它们的猫砂盆太少，或者猫砂盆的位置与领地中倾向于避险或占优势地位的猫的需求相反，或者猫之间存在其他资源的竞争。人们也经常因为它们的猫总是嚎叫、抓挠、咬人或撞翻东西而来咨询我。猫如果没有得到足够的关注，或者因为缺乏适当的猎物目标和一定的环境刺激而感到无聊，会为了能够释放其本能冲动和被压抑的紧张情绪而做出上述行为。如果一只猫的领地没有可以释放紧张焦虑的出口，它就可能开始在你的家具上挖洞或抓东西，以及做出其他具有破坏性或恼人的行为。所有这些问题行为都可以通过改造环境来纠正。

本章中，我将为你提供猫环境设置指南，以确保你会拥有最健康、最快乐且破坏性最小的猫。在这里你可以找到有关如何改造猫咪领地的最全面的解释，即各种 C.A.T. 计划的"T"，"改造"部分。虽然在每一章中，我都会总结针对该章讨论的行为问题的"T"步骤，但本章是最完整的。我提出的改造环境措施将会帮助你的猫适应它们的原始需求和本能，包括：

- 交配本能
- 安全感需求：需要栖息、休息和隐藏的区域，需要友好的信息素，需要你赶走户外的猫
- 释放被压抑的能量、焦虑或紧张，需要有能够抓挠的东西来标记领地等
- 渴望拥有安全的途径去接近资源
- 放置在正确位置的食物和水
- 狩猎目标和其他环境刺激，例如，玩具、猫隧道、不同的喂食时机
- 陪伴和群体气味
- 安全的排便场所

交配本能：绝育可减少许多行为和健康问题

在第七章，我将详细讨论不对猫进行绝育是如何导致许多行为问题的。除非你需要猫繁育，否则让你的猫适应你家和家里其他动物的第一步，也是最重要的一步，就是在适当的时候给猫绝育，除了可以减少不想要的饲养负担、遗弃风险、健康问题，绝育对猫和你都有许多其他好处。

绝育后的公猫：

- 有更小的概率乱尿或离家出走
- 减少争斗的欲望，也因此减少受到外伤的可能
- 有更小的概率感染猫白血病病毒（FeLV）和猫免疫缺陷病毒（FIV）等
- 基本告别睾丸肿瘤和睾丸癌
- 有更小的概率因为雄激素过剩、尾上腺分泌旺盛而患上马尾症（皮肤油腻、黑头、感染、脱毛）
- 代谢率降低约 1/4，降低饲养成本

绝育后的母猫：

- 患乳腺癌风险降低，尤其是在第一次发情前就绝育
- 不会再患卵巢癌、子宫癌或子宫蓄脓
- 有更小的概率离家出走

在讨论有关改造领地或不良行为的具体细节之前，我们先来谈谈领地的构成。

让猫去户外还是留在室内？

无论你的猫是严格室内饲养，还是有时被允许去室外，它通过直接接触，以及通过门窗看到、听到或闻到另一只猫，都是导致它在家里乱撒尿的最常见原因（详见第八章），也是导致重定向攻击的主要原因（重定向攻击，是指一种原本要针对户外入侵者但却转到其他同伴身上的攻击行为，详见第七章），这种行为会严重破坏之前和睦相处的猫之间的关系。但这并不是决定让你的猫待在室外还是室内要考虑的唯一因素。让我们看看这两种选择的主要优缺点。

去室外

在北美，约有 1/3 的城市和郊区的猫被允许外出；在英国，这个数字会更高。户外环境可以丰富猫的生活，作为对室内单调生活的调剂。对一些猫来说，这种刺激可以防止或减少许多行为问题，包括在房子里乱撒尿。它们如果在户外看到其他猫或闻到了尿液气味，可能也会在户外进行尿液标记，从而满足自己标记领地的欲望。

如果你真的想让你的猫外出，一定要做好监督，保证整个过程的安全。把你的猫带出去，套上背带和牵引绳，或者穿上件小衣服，仔细观察它。在你把它带到你的院子里之前，最好保证院子里没有其他猫的气味，且已经阻止了其他猫进入你的房子（详见第八章）。另外，如果外面没有其他的猫，你的猫可能也就没有外出的冲动了。

一般来说，如果你的猫从未去过外面，那最好不要去尝试。在我看来，只有在你确保猫安全的情况下，才应该让你的猫出门——要么让它在院子里或猫围栏里，不会逃走；要么找一个没有汽车、捕食者、竞争对手，没有其他东西可能给你的猫带来伤害、压力的地方。当然，即使在笼子里，只要它在外面，能够看到和闻到其他猫，也会感到一些压力。

如果你的猫没有绝育，则绝不能让它外出。

待在室内

虽然让猫去外面有时可以减少它们在家里乱撒尿的情况，但也可能产生相反的效果。你的猫可能会被激发出新的想法：这里有需要标记的区域！然后就会开始在家中乱撒尿来缓解焦虑。所以，如果你的猫还没有出现乱尿的行为，且你也不想让它出现，那就不要让猫出门。如果它在家里乱撒尿，那么出门会对它造成什么样的影响就不一定了。

无论是城市还是郊区的户外，对猫而言都暗藏着许多危险，可能会导致你的猫生病甚至是死亡。猫可能会被狗或野生动物猎杀（还有一些人就是不喜欢猫）；可能会出车祸；喝死水会感染寄生虫；感染猫科动物疾病的概率大大增加；还会遭受极端天气和温度的影响。它们可能会与其他猫打架并受很严重的伤。反过来，猫也威胁着全世界的鸟类，包括你后院的鸣禽。（另一方面，人类也是如此，爱猫人士为了给猫正名，孜孜不倦地提醒爱鸟人士：人类活动杀死鸟类的可能性是猫的 56 倍）。[1]但一旦让猫尝到了狩猎的快乐，就很难让它停下来了。

综上所述，我的建议通常是让猫待在室内，这样它们会更安全，比户外生活的猫活得更久（根据估计，两者平均寿命分别为 12 年和 3 年），并且更不易出现乱尿标记领地的问题。

有很多方法可以让你的家里和户外一样充满活力——这就是本章下面要讲的内容。猫的许多不良行为可以通过让室内环境模仿自然环境来纠正。随着对猫行为的认识不断提高，你可以使用许多有用的甚至是非常神奇的工具来让猫住进"喵托邦"——让它在室内也能同时感受到安全和快乐。

推荐的行为工具和产品说明

我推荐的道具包括玩具，例如逗猫棒、电动玩具、猫爬架和猫隧道；挥发式和喷雾式信息素可以帮助猫平静下来，促进猫之间和谐相处；含酶除味剂可以清除猫在错误地方排便后的味道残留，防止它下次在同样的位置排便；用于威慑户外动物的道具可以防止你的猫产生焦虑和各种行为问题。

不过鉴于目前市场上的产品更新换代太快，质量也无法一直保证，因此我想出了几个解决方案，让猫主人尽可能找到合适的道具。

- 当我要买一个行为矫正道具时，我通常会用一个相对专业的词去搜索（例如：信息素、逗猫棒等，完整列表参阅附录 C）。
- 如果我确实要推荐某个牌子的东西，我会找同时有线上和线下店铺的品牌，好让宠物主人可以看到实体道具。
- 如果要了解原作者对不断新出的行为矫正工具的看法，请参考最新研究和产品推荐。

尽管其中一些工具可能会很神奇，但在任何情况下，你都不应指望仅通过使用产品来纠正猫的不良行为。为了获得最好的效果，这些工具应该被纳入我的行为矫正技术计划中，并按照我的说明使用——这可能会与制造商的说明有些许出入。

领地和生存资源

安全感：猫爬架和其他形式的垂直领地

你是否注意到你的猫喜欢攀爬、蹦跳或躺在东西上面？你和你的猫之间一个很大的区别是，你从不会在进入一个房间之后立刻四处寻找最高、最安全的地方。这个地方可以是沙发、窗台、灯罩、各种桌面、椅子、床的上面，或者是你的膝盖——在这些地方，猫可以安全地观察一只大狗、一只占主导地位的猫或任何可能的危险。你的猫也喜欢在这些地方俯瞰你的家——地毯草原和家具森林一览无余。有时，家里的几只猫会争夺这些宝贵的安全位置，尤其在你没有提供足够多的地方的时候。不过，如果你很幸运，猫咪之间可能会友好地制定一张时刻表来共享这些地方。人类和狗不需要垂直领域，但猫的领域必须包含三个维度，特别是你有不止一只猫时。

为你的猫创造垂直领地的方法是提供可以让猫在上面爬来爬去的地方，比如猫爬架，让它们感到安全的同时也让它们更活跃。你的家就这么大，入住的猫越多，它们就越有可能发生冲突。增加多层次的垂直领地，是变相地增加了可用领地范围，也就减少了领地纠纷。猫的本能就是逃避捕食者，开拓领地，并在高处睡觉。要支持猫的自然行为：攀爬、栖息、寻找领地和足够的生存空间。所有的猫都应该有一个自己的猫爬架、一个窗台，甚至是独自享有安在墙上的猫栈道，以允许它们在不同的高度休息。一只猫每天可以花几个小时在猫爬架上，上蹿下跳，休闲娱乐。你可以尝试不同的位置，直到弄清楚哪些位置可以最大限度地让猫利用垂直空间。阳光充足的地方通常更受猫欢迎。此外，猫可能会喜欢家中的偏僻角落，也可能不喜欢。

如果你的猫总是为了争抢沙发靠背而打架，你可以试着在旁边放一个猫爬架，这样有的猫在某些时候就会选择猫爬架而不是沙发，从而减少敌对或争斗，进而减少一系列后续行为问题。垂直领地有助于胆小猫建立自信，也会让它们更放松，而占统治地位的猫则不需要为了守护领地而恐吓别的猫。

改造猫领地要花多少钱？

如果你想省下猫爬架的钱，你可以清理干净衣橱或梳妆台的顶部，或者把相框或植物从窗台上拿下来，这样你就为你的猫提供了更多可休息的高处。猫不关心也不在乎它们用的猫抓板是高级货还是免费的纸壳箱，也不在乎它们最爱的纸袋（袋子去掉提手，保持敞开）是不是免费的。如果你想自制一个便宜的猫隧道，可以把一个空箱子侧面开口，放在地上，然后在里面扔一些玩具和一些猫薄荷，一个让猫流连忘返的堡垒就做好了。

猫抓板或者其他刺激装置

猫需要环境刺激让它们发挥猫的本能、缓解压力、释放多余的精力。环境刺激可以有多种形式：猫抓板、猫爬架、猫隧道、与它们互动、电动玩具、鱼缸、喂鸟器、猫草、不同的喂食器，尤其是需要猫努力才能吃到食物的益智食盆，比如漏食转盘。

猫抓柱或猫抓板可以同时满足猫的多种需求，非常重要。除了引导猫不要再去抓特别昂贵的家具外，猫抓板还可以让猫磨趾甲，保持爪子锋利，伸展肌肉，标记领地，并缓解紧张的情绪（即使是因故没有脚趾或趾甲的猫也依旧会想用抓痕来标记领地）。你可以关注一下猫偏爱哪种类型，是水平的猫抓板还是垂直的猫抓柱（喜欢抓挠时伸展的猫可能更喜欢高的猫抓柱），是喜欢树皮、木头、织物、绳子、纸板还是地毯。猫喜欢沿着它们平常走过的地方留下抓痕，所以可以在这些地方放置猫抓板。如果猫喜欢待在家中更靠近中间的地方而不是四角，它们通常会更常使用猫抓板。确保你的每只猫都有至少一个猫抓板，并将它们放在家中猫常待的地方。

猫隧道和藏身处可以让猫保持忙碌和安全感。它们非常适合那些需要一个安全的藏身之处或在家中秘密走动的有些恐惧或胆小的猫。你也可以通过经常移动玩具、盒子或隧道的位置来让猫一直保持新鲜感，避免无聊。

喂鸟器和松鼠投食器对猫来说也是一种娱乐，你可以把它们放在窗户外面，这样你的猫可以像看大屏幕电视一样欣赏窗外的景色。或者你可以设置一个室内鱼缸，不过得确保它顶部结实。许多猫也喜欢看鸟类视频，不过我的猫更喜欢《海底总动员》中的鱼。当鱼在电视屏幕边缘游走时，我的猫会跑到电视后面，甚至在房间的其他地方寻找它们。

益智食盆也是一种刺激猫情绪的优秀道具，它会激发猫的捕食欲望，让它吃得更有激情。市面上有几种很棒的益智食盆，但你也可以用鞋盒或任何塑料容器自己制作，你可以在上面挖一个洞，放些吃的，等待猫把它们捞上来。益智食盆也有助于延长进食时间，减少焦虑或紧张。

除了信息素（详见第三章），自然疗法，如花瓣精油（例如镇静花精）已被证明对许多猫的行为问题有着深远的影响，以及让害怕的猫镇静下来。许多收容所的工作人员跟我说，有些特别害怕或胆小的猫能被领养的唯一原因，就是使用了自然疗法，并且非常有效。我建议你将这些疗法纳入整体行为矫正计划中，但即使单独使用，这些疗法仍可能产生积极影响。根据疗法的各自需要，你可以将它们添加到猫的食物、水中，或涂在皮肤上（通过皮肤吸收），以帮助你的猫变得更加放松、自信，并更好地面对压力。

住宿须知

信息素和自然疗法在安抚猫情绪方面非常有效，因此当你在考虑"自己给猫提供的住宿条件是不是不太好？"之前，要先想想是否在猫生活区周围使用信息素。

分散、分时段和路径选择

在多猫家庭中，猫关心的不仅仅是资源的多少或数量。它们还关心能否拥有多个资源位点和多条通向这些资源的路径。这样它们就可以自己选择何时接近哪个资源，使它们更容易与其他猫共享这些资源。这些资源越容易分时段让猫共享，你看到的冲突和领地争夺相关行为就越少，猫咪们就越自信。为了获得最佳效果，你应该将这种"丰富、分散"的原则应用于你给猫提供的所有资源中，从猫砂盆和玩具，到猫爬架和猫窝。让我们从食物开始说起。

加法和乘法

请记住，为了让接下来的建议获得最佳效果，你需要在家中不同的位置提供多个喂食器、多个供水点、多个休息区、多个猫砂盆、多个猫抓板、多个狩猎目标或玩具。即使你认为你的猫没有这样富足的生活也过得幸福，我还是建议你尝试一下，看看结果。有很多客户告诉我，直到他们做出这些改变后，他们才意识到猫还可以这样快乐和自信。即使是住在纽约小公寓的客户也注意到，仅仅是在公寓的另一个地方添了个食盆，他们的猫就相处得更好了，或者变得不那么"冷淡"或"紧张"了。

食物

通往食物的路径有限，可能会导致猫在用餐时间出现摩擦，导致打架和霸凌行为的发生。因为被其他的猫欺负，一些猫最终会忍饥挨饿，情绪低迷。保证食物的丰富和分散是猫之间保持距离的一个简单但非常关键的方法，让它们更有效地分时段共享这些食物，并让它们感到快乐。

另一种方式是让猫自由采食，不管白天黑夜，任何时间猫都能在家里的几个地方吃到食物。

为什么要自由采食？因为猫的胃很小，进食后几个小时就会排空。饿肚子可不是什么有意思的事，尤其是挨饿好几个小时的时候。野外生存或者可以自由采食的猫每天的进食频率很高——每天要吃 9~16 顿一只老鼠分量的食物。[2] 如果一只猫每天只在规定的时间被投喂两次，它会变得烦躁不安，如果食物没有按时提供，它们会变得暴躁。因此，猫之间的晚餐谈话可能有点暴躁（有时甚至是敌对的），因为它们把不开心都发泄在了别的猫身上。占统治地位的猫会想要确保每只猫都知道它才是老大，它会先获取食物，并且，由于担心食物资源匮乏，无法维持自己的支配地位，它不仅在用餐时间恐吓其他猫，其他时候也会恐吓地位较低的猫。

即使是一只不需要与其他猫分享食物的独居猫，当它可以轻松地根据自己身体的自然节奏生活时，也会更快乐。吃东西是猫最满足的时刻，心情和情绪状态都比较稳定。许多客户完全不知道他们的猫因为食物资源匮乏而压力巨大，直到他们开始让猫自由采食或每天为它们提供两餐以上的食物后，才发现猫的前后性格差异。

与允许按照自己的时间表自由进食的猫相比，按人类时间表喂食的猫往往不那么合作，而且更具有攻击性。我一直为我的猫备好高蛋白干粮让它们自由采食，同时每天还会喂它们两到三次湿粮。

在大多数情况下，你不必担心自由采食的猫会增加体重。事实上，我见到过肥胖的猫在提供充足的食物后体重反而减轻的例子，因为一旦它们意识到食物总是足够的，不需要一次狼吞虎咽，它们就会停止暴饮暴食。自由采食还可以减少某些猫先将食物吞下，过后再反刍的倾向。

但是，如果猫无法自己控制自己的摄入量，我不建议自由采食——你会因此得到一只大肥猫。对这些猫来说，使用每天提供四次或更多次食物的定时喂食器更好。你不会增加它的总摄入量，只是增加了频率。然而，对于可以自己控制摄入量并且没有肥胖问题（75%～90%）的猫来说，每天只喂它们两次甚至可以说是不人道的。

食物资源的分散可以大大促进你家猫咪们的幸福与和谐。将喂食器放在家中的不同位置（而不仅仅是一个房间的不同位置）——无论是自由采食还是定时喂食。喂食器的数量应该和猫的数量一样多。许多猫一起进食是导致行为问题的明确原因之一。尝试将碗放在不同高度——一些放在地板上，一些放在桌子或窗台上，因为胆小的猫可能会不喜欢在地板上吃东西。

益智食盆 如前所述，它是帮助延长猫的进食时间的好方法，这样它就不会一次吃光所有的食物。相反，它必须努力从食盆中取出食物，这也给了它所需的精神刺激。一开始，你可以用益智食盆作为定时喂食的补充，直到你确定它确实能够将所有食物都取出来。

如果你对猫粮的选择有疑问，可以咨询兽医。

吃草猫

没有人真的知道为什么猫喜欢吃植物，尤其是草，但它们就是喜欢。虽然吃植物可能是正常的，因为野猫几乎每天都吃草，一项研究也表明，36%的宠物猫都会吃植物，但这可能有一定危险，因为大多数室内植物都对猫有弱毒性，有些甚至会致命。为了杜绝你的猫去啃植物，你可在叶子的顶部和底部喷洒一种苦味的防咬产品。最好不要让你的猫接触有毒植物。可以给你的猫提供一些替代品，比如一根芹菜，一片莴苣叶，或者买点儿猫草。你甚至可以自己种些不喷杀虫剂的猫草或猫薄荷。如果你试图阻止你的猫啃咬或吃室内植物或花卉，那么在猫的饮食中加入更多的蔬菜可能会特别有效。

猫的视角

小猫应该接触各种类型、各种质地、各种口味的猫粮。如果没有，它们以后可能会只吃小时候习惯吃的东西，对食物非常挑剔。你要知道，猫就算饿死（或吃掉它们的孩子）也不愿吃一顿难吃但健康的饭。想想你那个特别挑食的孩子！

事实上，猫是如此的挑剔，以至于猫粮制造商被迫让人试吃猫粮，因为猫拒绝这样做。

水！水！到处都得有水喝

水对猫的健康和对人类的健康一样重要。水有助于软化硬便、帮助消化和吸收食物中的营养、调节体温和带走废物。猫可以在没有食物的情况下存活数天，但如果它们缺乏水分，身体很快就会罢工。

跟喂食器一样，如果一只猫坐在水碗旁边，或坐在通往水碗的路上，就可以恐吓另一只猫，使它不敢去喝水，因此一定要把水分散放。

有没有想过为什么你的猫喜欢用你的杯子喝水，或者从它喂食器旁边的水碗以外的任何地方喝水？因为猫本能地更喜欢喝远离死亡的猎物的水，在自然界中，这些水可能会被细菌污染。为了尊重这种生存本能，请将它们的"死猎物"——就是这些猫粮与水分开。食物和水也应放在与猫砂盆分开的区域。为了让猫更爱喝水，请保持水的新鲜。水碗要选择宽口的，并且装满水，因为猫的胡须非常敏感，它们可能会用爪子去蘸水喝，然后把水洒在地板上，而不是把胡须靠在一个窄边或不够满的碗里喝水。

猫喜欢流动的水，所以如果你的猫不爱用它的水碗喝水，试试喷泉饮水机。猫不爱喝水的毛病尽人皆知，而这些简单的办法有助于它们摄入足够的水。

玩具

为什么有这么多不同种类的猫玩具，并且与狗玩具相比，它们通常更复杂？因为猫的捕食本能比狗更强。猫比其他任何动物都更需要谋略、狩猎、追逐和捕杀。户外的猫甚至会杀死它们不打算吃掉（或者是送给你）的猎物。

目前有几种类型的玩具：无生命玩具（我称之为"死猎物"）、电动玩具，还有互动玩具（最好的猎物目标）。那些不会动、没有反馈的死猎物，那些小小的假老鼠和闪闪发光的玩具铃铛球并没有什么不好，但一只没有互动玩具的猫可能不懂得如何玩游戏，或者永远无法通过完成一系列捕猎行为来释放它的本性。但当你按照下一节的描述，正确使用互动玩具让猫完成一系列的狩猎行为时，你的猫就会"复活"！电动玩具和互动玩具一样，即使在你很忙或不在它们身边的时候，也能让猫玩耍和释放压力。我建议你在家里多放些这样的玩具，像所有的猫科动物资源一样，放在外面（不要全部放在盒子或橱柜里）。不过，玩具一定要轮换，对猫来说，那些被玩腻的玩具藏起来一段时间再拿出来就又是新奇的玩具了。还有一些玩具，你每次使用后都应该收好，比如有羽毛或绳子的玩具，以防你的猫误食或受伤。

找到猫喜欢的玩具类型很重要，它喜欢会发出声音的玩具，还是到处滚动或弹来弹去的玩具，或是里面有猫薄荷的玩具？有些猫不喜欢分享，甚至想要一套只有自己气味的玩具。

我和许多客户谈过，他们坚持说他们的猫在任何情况下都不会玩玩具。这是一种可悲和不健康的情况。但我一直在鼓励他们完成"狩猎序列"，不久之后，他们打电话回来说，他们的猫真的会在空中翻腾，追逐一个玩具。有的人对这么多年没有发现他们的猫其实是会玩玩具的而感到愧疚。他们告诉我，他们的猫变成了完全不同的猫，现在更快乐了。帮助猫完成狩猎序列你就可以得到一只更快乐、更自信、更满意的猫。关键是要选择正确的玩具，并知道如何让它看起来有活力。

狩猎序列

追踪和捕捉猎物，或是不见血的其他等价行为，对猫的幸福感和行为问题的预防与纠正至关重要。人类也是如此：锻炼可以减少我们的焦虑、易怒和其他行为问题，提高我们的精神警觉性，并延长寿命。

通过每天完成一到两套的狩猎序列，猫就可以平静下来，所以需要制定一个时刻表并坚持下去。每天固定的游戏时间可以让猫知道什么候该活动，至少别在猫主人该休息的时候上蹿下跳。对于成年猫来说，可以尝试每天安排一到两次游戏时间，每次 10~30 分钟。如果两只猫不介意的话，你可以把两个玩具拿得很远，这样你就可以同时陪两只猫玩，省点时间。电动玩具也是人类节省时间的工具。对于小猫，我建议每天最多玩四次，更符合小猫的天性。如果你的猫很容易感到无聊，那么首先要确保你正确地进行了游戏序列，如果确实是正确的，那么就把游戏时间限制在两分钟内，中间休息五分钟。

即使你的猫还没有表现出行为问题，我也建议你让它进行狩猎序列，这可以让你的猫更少地在主人不喜欢的时间太过活跃，恐吓其他猫或人，或出现焦虑问题。玩耍对于一只快乐、健全的猫来说十分重要，多年来我发给客户的电子邮件都会附上一句话："今天你陪你的猫完成狩猎序列了吗？"狩猎序列也是一种重新定向和重新建立关联的方法，我们将使用它来解决几种行为问题（强迫症、攻击性、不适当的排便），因此我将对其进行详细描述。

从一开始，你一次只能和一只猫玩。切勿使用一个玩具同时与多只猫玩耍，让猫因为"猎物资源的匮乏"而紧张，甚至导致争斗。我认为这种原因的争斗是两只关系密切的猫反目成仇的唯一原因。如果你必须同时和两只猫玩，或者你只是想这么做，最好一手拿一根逗猫棒，尽量拿得远一点，以便让猫尽可能分开。如果一只猫在被另一只猫盯着的时候感到不舒服，那么把猫分开，这样它们在玩耍的时候就看不到对方了。你怎么知道你的猫不舒服？当它不想玩或者只玩了一小会儿的时候。

别再看我了！

有时猫不参与玩耍的唯一原因是房间里还有其他猫——这肯定表明你的猫在家中可能有一些社交压力。试着把胆小的猫带到另一个房间，关上门，然后用逗猫棒开始游戏。你可能会对结果感到惊讶。

逗猫棒 互动玩具中的逗猫棒是最能让你复制真正狩猎的工具，因为它的运动是随机的，而你的猫就喜欢这种猎物。逗猫棒末端的羽毛旋转、飘动，就像一只飞翔的鸟儿。猫不喜欢在露天狩猎，更偏爱伏击猎物，所以你要在家中环境稍微复杂一点的地方玩逗猫棒。

当你用逗猫棒尽力复制真正的猎物和真正的狩猎行动时，你的猫通常会表现出以下运动模式，这是它狩猎本能的一部分。

- 紧盯着猎物（或玩具）
- 跟踪和追逐
- 抓住、猛扑和咬住
- 咬死猎物（在寻找猎物的户外生活的猫身上这个行为最明显）

从凝视到咬死猎物：完整的狩猎序列 当你在离猫不到一米远的地方挥动玩具时，猫会不可抗拒地被某些声音所吸引，比如脚落在地上的声音、皮肤摩擦的声音、爬行的声音、扑腾和奔跑的声音，也会被跳跃、蛇行、飞翔、跛行、扑腾的动作，还有动物临死前最后一声喘息所吸引。不要在猫的眼前挥动玩具，或让玩具太靠近你的猫，猫可能不会觉得这是猎物，反而还会受到惊吓。真正的猎物会躲避、会隐藏。你的猫也需要精神上的刺激，想想它是如何伏击沙发后面的老鼠的。这不仅仅是追逐，猛扑和撕咬。所以，一定要把玩具藏在椅子、沙发，甚至空盒子后面一段时间（同时发出跑动或扑腾的声音），然后再让它重新出现。

猫紧盯着它看上的猎物，就是一系列狩猎行为的开始。盯着猎物、跟踪或追逐它。如果猫选择跟踪，可能会尽可能靠近地面蹲伏，不时小心地小跑几步，时刻寻找掩护。跟踪和追逐的时间可能很短。[①]有的猫喜欢立刻咬向玩具；有的则喜欢稍作等待，然后摆好姿势，屁股一抖，准备起飞。如果它正待在猫爬架上，看起来似乎漫不经心地试图抓住或咬住猎物，实际上它可能正在脑中飞速制定策略，好搞定这个飞来飞去的猎物。许多猫会戏耍它们的猎物，有意识地放走它们，再一次次重复跟踪和追逐、抓住和撕咬的过程。

确保这是一场难度适中的比赛。不要让玩具离你的猫太远，让猫永远抓不到，当然也不要直接把它交出来。让你的猫自己决定需要重复多少次这一系列的狩猎行为，多少次跟踪、追逐、抓住和撕咬。如果它似乎没有完成整个狩猎序列，不要担心。只要你和你的猫玩得开心就好，猫自己会知道该如何做。

最后，你晃动玩具的力量和幅度要越来越小，让玩具慢慢"死亡"。这会让你的猫进入狩猎序列的末尾，让它冷静下来。你也可能看到你的猫做出类似"致命一咬"的动作：猫不想放开玩具，甚至可能试图把它叼走。或者它会侧着身子，用后腿猛踢玩具的同时死死咬住。让猫完成整套狩猎动作对它身心都极为有益。常见的错误做法是猫主人刚陪猫玩了一小会儿就停下，而此时的猫还处于狩猎中期，正在享受一次次快速追踪和抓住猎物的过程。

快乐的结局：得到食物！ 在你的猫最后一次咬住或抓住玩具后，奖励它零食或喂它爱吃的猫粮。猫显然不能吃玩具，但它可能想吃点东西，所以你要用零食猎物代替玩具猎物。即使你认为你的猫不饿，也要提供食物。

---

① 在某些物种中，如猎豹和美洲狮，跟踪和追逐是狩猎行为中必不可少的部分。猎豹甚至不会拍打或者吃掉它们没有追逐过的动物，这也是为什么摇摇晃晃的新生牛犊比已经会跑的牛犊更易在捕猎中存活。对于这一令人惊奇的现象的观察，我非常感激哈佛大学讲师雷蒙德·科平格和他的妻子洛娜·科平格，以及他们的著作，*Dogs: A New Understanding of Canine Origin, Behavior, and Evolution,* p. 207 (The University of Chicago Press, 2001)。

进食和狩猎是相互独立的两种行为，即使已经吃饱了，猫也会狩猎。但是，如果你的猫的本意是吃东西而没吃到，它可能会感到不满足。有些猫实际上会在玩耍后将玩具拖到喂食器旁边并开始吃饭。食物奖励也会教你的猫爱上它的猎物目标。如果你的猫不吃食物或零食，那也没关系。

强调一下，带有绳子或羽毛的玩具可能会对猫造成伤害，所以玩完一定要收起来。

猫的视角：忘了那些激光吧

虽然玩激光笔很有意思——"看那只猫多疯，在追逐一片虚无！"但激光笔可能让猫感到挫败，因为它永远也抓不住什么。如果它感到不满足，就可能找其他能够抓住的东西完成狩猎——比如其他的猫或你的脚踝。

如果你真的用激光笔陪它玩，记得随后补上能够让它"捕杀"的有形玩具。

猫的友谊和团体关系

陪伴也是一种刺激形式——一定要给你的猫提供足够的刺激。大多数宠物猫经过社会化，与人类（或其他猫或动物）形成了持久的联系。如果它们的主人去度假或者只是离开几个小时，又或者它们的某个动物朋友突然缺席，一些猫可能会经历分离焦虑。许多猫如果长时间独处，可能会出现其他行为问题。

对猫来说，我们这些猫主人是非常重要的资源。我们为它们提供食物，增强它们的自信心和安全感。所以要多留意你的猫。你不仅可以让你的猫变得积极向上，还可以减少甚至消除它的焦虑以及后续的行为问题。不管你在不在，让你的猫睡在你的卧室里会让它非常开心。新来的小猫特别喜欢其他猫的陪伴。

一个干净、安全、有吸引力的如厕环境

即使一个特别糟糕的猫砂盆，也有着吸引猫的地方。如果猫能从猫砂盆里捞点儿东西出来，它还是会玩得很投入，就像是即使海滩上有垃圾，海水也很冷，但你还是会想去海滩上漫步。打造一个合适的如厕环境是非常重要的一步，要从多方面入手。你家里得有不止一个干净、宽敞、方便、安全、光线充足、位置合适的猫砂盆（猫砂盆的数量取决于猫的数量，我等下会告诉你需要几个）。在"喵托邦"里，合适的如厕环境可以防止猫随地大小便，以及其他可以避免的猫之间的社会紧张关系引起的行为问题（见第七章）。

猫的视角

你的猫对猫砂盆不满意的表现：不去刨猫砂，也不去闻它；不再试图盖住猫砂盆里的排泄物；排泄后只在盒子外面抓挠；只放两只爪子在猫砂盆里，而自己站在边缘；只在猫砂盆外面排便。

如果你的猫在猫砂盆里一直蹲着，努力了很长时间，它可能有便秘或泌尿道问题。如果它根本不进猫砂盆，每次尿得很少，或尿液呈粉红色或红色，也说明它患有泌尿道问题。排便时发出声音可能是猫疼痛的表现。如果你的猫出现了上述问题，一定要带它立刻去看兽医，这些问题一旦延误治疗很快会危及生命。

猫砂的维护　如果可以选择，猫本能地喜欢它们住在沙漠中的野猫祖先使用的沙子。但它们也很喜欢使用质地相近的人造材料。对于常规猫砂（当你的猫最近没有排便问题时使用），大多数猫更喜欢无味、中等大小颗粒的猫砂，或颗粒非常细的二氧化硅（或沙子样）猫砂。这两种猫砂都能中和气味。如果猫砂中含有碳，那么结块的效果会更好。硅砂猫砂的观感和触感都像白色沙子，很轻，无毒，吸收尿液后不结块，吸

收气味的能力也很强，是许多兽医的首选推荐。

我不建议成年猫使用以玉米或小麦为原料的猫砂。许多猫会吃这些猫砂，这不仅可能不健康，还会让猫的本能在这里出现冲突，因为猫不喜欢在食物来源附近排泄。我见过数百只猫都讨厌这种猫砂。此外，这种猫砂太软，猫的爪子容易陷进去，它们不喜欢这种感觉。总而言之，千万不要用由食物原料制成的猫砂。此外，我还建议避免使用有松树气味的猫砂，这种有（强烈）气味的猫砂，猫不喜欢并可能会远离。

小猫需要专门为它们设计的猫砂。和人类婴儿一样，小猫喜欢把东西放在嘴里，所以我不建议给小猫使用塑料颗粒、黏土或者会结块的猫砂。

不是所有的猫都喜欢一种猫砂，所以一定要准备好几种不同类型的猫砂。如果你要更换猫砂品牌，记得将新猫砂逐渐掺到旧的猫砂中，直到全换成新猫砂，这样你的猫会慢慢习惯，从而尽量减少猫出现任何负面反应的可能。

猫砂盆的清理　"我的阿姨每周清洁两次猫砂盆。"我的一位客户曾经自豪地告诉我。天啊！如果我要出一个提升猫科动物健康和幸福感的科普广告，我一定会将"保持猫砂盆清洁"放在首位。你的猫一天中的大部分时间都在清洁自己，结果你却给它准备一个脏兮兮的猫砂盆。

- **每天清洁两次，让猫行为问题远离你！**　不过实际上，你清洁的频率需要根据你的猫对猫砂盆清洁度的要求、使用次数以及排便量改变。在你摸索最适合的清洁频率的过程中，我可以分享一条经验：如果你的猫排便正常，每天清洁一次就足够，但我建议每天两次。如果你去度假了，确保来照顾猫的人保持与你相同的清洁频率。如果无法做到，那就多放几个猫砂盆在家里。猫砂盆最好不要有盖子，如果非要有，那清洁频率要提升到一天三次。

- **更换猫砂**　仅仅通过清洁不可能让猫砂盆永远干净。即使尿块和大便被清除，猫也会闻到残留的粪便气味，所有的猫砂很快就会开始发臭。依照经验，根据你的猫、猫砂和气味残留程度，每隔几周就要彻底更换一次会结块的猫砂，每天到每周更换一次不会结块的猫砂。为了消除气味，你也可以在猫砂盆中喷洒除臭剂。在一项研究中，喷洒了除臭剂的猫砂盆比没有喷洒的猫砂盆使用次数更多，猫对它们的猫砂盆表现出更高的满意度。[3]

猫砂盆够多了吗？再添几个　在多猫家庭中，避免对猫砂盆资源的竞争也非常重要。否则，占优势的猫可能会试图阻止其他猫靠近猫砂盆，而想要避免争斗的猫就会避开猫砂盆区域，在其他地方寻找能够排泄的位置（就是那些你肯定会生气的地方！）。许多猫希望能有一个没有其他猫强烈气味的猫砂盆。一个能够减少竞争和缓解紧张关系的可靠方法是增加猫砂盆的数量和摆放位置。一般来说，猫砂盆数量至少是猫数量+1：如果你的房子有几层，那么每层都至少得有一个猫砂盆。比如你只有一只猫，但住在一栋三层楼的房子里，你将需要三个猫砂盆；如果你有三只猫，都挤在一层里，那你就需要准备至少四个猫砂盆。

一个干净且光线充足的地方　猫砂盆所在的地方和通往它的道路必须全天候光线充足——至少得有夜间照明。虽然猫在弱光下的视力非常好，比我们的视力好六倍，但在光线充足的情况下，它们看得更清楚，当它们知道可以看清任何附近潜伏的东西时，它们会感觉更好。正如有些人即使在白天也不愿走进黑暗和阴暗的地方。

猫砂盆尺寸和类型　猫砂盆应该是无盖的，长度至少是猫体长的一倍半。如果可以选择，大多数成年猫（尤其是肥胖的猫）会选择特大号的盒子。我的猫喜欢大而透明的低边塑料猫砂盆。如果你有这方面的问题，并且房间里有足够空间，尝试一下。这些塑料盒的成本和宠物店卖的猫砂盆差不多或者更便宜，并且由于它们吸水性较低，使用寿命更长。我推荐大约15厘米×40厘米×56厘米的盒子。盒子的侧壁应该足够高，以防猫砂被猫扒拉出去，但又要足够低，以便你的猫可以轻松地迈进去。如果你的猫喜欢把猫砂扒拉得到处都是，那就把透明盒子做得超过 15 厘米高，再开个 U 形口，U 形口从顶部到底部大约高 15 厘米。但是，如果你的猫老了、患有关节炎或超重，就别用高于 15 厘米的猫砂盆。如果你有一只小猫，无法轻松爬进普通猫砂盆，你可以暂时为它提供一个边长为 2~5 厘米的铝制或玻璃的盒子当作台阶。

电动自清洁猫砂盆的相关说明　先说结论：如果你的猫之前有排便相关问题，请坚持使用普通的人工猫砂盆。虽然我见过一些喜欢自清洁猫砂盆的猫，但对大多数猫来说，它们宁愿去潜水也不会用自动猫砂盆。自动猫砂盆的马达在清洁时会发出噪声，而且实际使用区域对大多数猫来说都不够，所以许多猫都不喜欢。然而，大多数主人不能像自动猫砂盆那样，每次使用后立即清洁猫砂盆，因此更干净的自动猫砂盆可能会吸引某些猫。尽管如此，自动猫砂盆依旧需要维护。你必须每天监测猫砂的量，确保清扫耙或机械装置没有被猫砂粘住，没有出现其他的状况。如果你真的想放一个自动猫砂盆，起码得保证家里有足够多的人工猫砂盆。

猫砂盆的放置　人们对家里有多少个猫砂盆以及它们的摆放位置有自己的看法。但我们的决定永远不能凌驾于猫的本能之上。最终还是要让猫来做决定。如果你添加了新猫砂盆，请不要移动现有的猫砂盆，除非它们位置不佳或从未被使用过。对于新猫砂盆的放置位置，以及让你的猫欣然接受这些猫砂盆的方法，请参考下列指南。

你应该做的

确保猫可以轻松找到猫砂盆　你不能让你的猫像个特工一样，从二楼跑到一楼，跨过熟睡的狗，路过其他猫的领地并打上几架，再滚下楼，穿过迷宫一样的堆满杂物的地下室，再一个助跑越过儿童门，最后穿过门上的猫洞，去黑乎乎的车库排便。实际情况是它很可能不会去做这些事情，只会选择在一个对它更有吸引力、更方便的地方方便。但这并不是在针对你。就像你在商场或机场也会经常问："最近的洗手间在哪里？"猫也想知道。如果人类喜欢把猫砂盆藏起来，猫就只好在家里乱拉乱尿。

把猫砂盆分散放置　我见到许多客户这样做，虽然准备了足够多的猫砂盆，但把它们都放在一起。比如家里有六只猫，就把七个猫砂盆全放在地下室，只留一个猫洞供它们经过，门口还蹲着一只恶霸猫虎视眈眈。"哦！很抱歉打扰你，"你那只胆小的猫说，"别在意我，我去楼上的沙发上便便就可以了。"除了竞争和便利性问题，把所有猫砂盆放在一个地方并没有尊重这个事实，即一些猫不想在排尿的地方大便。一个摆放猫砂盆的好方法是将猫砂盆放在房子的相对两端。

将你的家想象成由许多重要资源（食物、水、休息/栖息区域、猫砂盆）以及连接资源的道路组成，将猫砂盆放在这些道路的侧边或尽头。当你增添了猫砂盆后，下次你的猫沿着走廊向西走却被恶霸猫喝退时，它就可以转而去东边、南边或北边找另一个猫砂盆。

不要把资源堆在一起！

有时不仅是猫砂盆都放在一个地方，甚至猫所有喜欢的东西都挤在一起。猫的休闲场所通常设置在地下室，到处都是玩具、猫砂盆、食物，还有其他的猫。你可能认为这就像为你的孩子设置一个娱乐室一样，但在孩子看来，它更像是把豌豆、胡萝卜、番茄酱、足球还有鲍勃叔叔满是汗味的运动短裤都堆在了一个房间里。

无论你是刚准备好一个猫砂盆，还是布置了一个完善的休闲场所，资源过度拥挤肯定会加剧猫之间分时段共享的难度，并增加多猫家庭关系紧张的概率。如果所有资源都在一个地方，这意味着通往那个地方的路径数量有限，这使得你的恶霸猫的恐吓和守卫工作变得更加容易。

一定要把猫砂盆放在开放的地方　把猫砂盆放在开放的地方，方便猫随时逃跑，也增加了它进出猫砂盆的方式。猫有一种天生的生存本能，不会把自己置于被动位置。当它使用猫砂盆时，需要有最好的视野以持续监视它的领地，防止外来者闯入。如果你把猫砂盆放在很隐蔽的地方，或是使用封闭式猫砂盆，它就什么都看不到了。有的人误以为猫也需要隐私，就像人类不希望被别人看到如厕一样。但对猫来说，一个方便观察和逃跑的有利位置通常会超过任何隐私需求。

大多数人不想把猫砂盆直接放在外面，而是放在柜子里，或是植物或家具后面。如果你非要这么做，确保猫离那些方便观察和逃跑的地方很近。你可以把猫砂盆放在只有猫才能钻猫洞进去的地方，这样就不会有狗或者小孩子打扰了。

尽量不要将猫砂盆靠墙边放。猫砂盆的四周应该有一些缓冲带，这样你的猫就可以绕着它走一圈，闻一闻，然后决定要进到哪一边。此外，这还增加了猫逃出猫砂盆的选择路径。

猫需要隐私的传言

猫对猫砂盆的隐私需求很大程度上是人类把猫过度拟人化后的幻想。我见过猫主人特地进行装修改造，只为把猫砂盆隔离，比如添置一个卫生纸架和一些杂志，我见过一些猫砂盆设置得就像一个微型的人类卫生间。猫不会因为去洗手间而感到尴尬，它们更想要安全。当它们排便时，它们需要避开掠食者或竞争对手（真实的或想象的）来保护自己。这可能意味着它们不想在狗面前便便，但更多情况下这意味着在它们不能移动且易受伤害的如厕期间，它们本能地想要一个具有良好逃生潜力和有利地形的位置。

你不应该做的

很多不应该做的事情与上述应该做的事情相反，但也有一些其他注意事项，总结如下。

• 不要将猫砂盆放在走廊等人进出的地方。猫排便期间不喜欢太过喧闹。

• 不要用成堆的衣物或是其他东西妨碍猫离开猫砂盆。

• 不要让它在猫砂盆里或去往猫砂盆的路上能通过窗户看到外面的猫。

• 不要把猫砂盆放在任何可能会发出很大噪声的东西附近，例如车库门、冰箱、洗衣机或烘干机附近。如果你必须放在这些地方，也得给你的猫在其他更安静的位置放上猫砂盆。

• 不要把猫砂盆放在小而狭窄的地方，比如洗衣房（洗衣房还有强烈的气味，比如漂白剂或洗涤剂的气味）。

• 放置猫砂盆不能选择之前发生过严重争斗、敌视或被你惩罚过的地方。猫也有闪回反应。如果你的猫在某个地方有过负面的经历，而你又把猫砂盆放在那里，当它如厕时，可能会咆哮、威胁，甚至竖毛。或者只是不用这个猫砂盆。

• 不要把猫砂盆只放在卫生间里。有些猫对浴室里的猫砂盆没有意见，但对另一些猫来说，卫生间的人员流动太频繁了，它们也可能不喜欢淋浴时的蒸汽和湿气。如果你的确在一个经常使用的浴室里放了一个猫砂盆，那么在其他地方再放一个猫砂盆。这样，如果浴室有人，而你的猫不愿意与你共享卫生间，那么它也可以选择别的地方。

• 不要将猫砂盆放在跟"巢穴"有关的物品（食物、水和猫窝）旁边。任何与猫窝区相关的东西都不应该和猫砂盆放在同一个房间里，尤其是房间很小的情况下。因为在野外，巢穴附近的粪便或尿液会吸引寄生虫、捕食者和竞争对手。保护巢穴区域免受威胁是猫的一种固有的生存本能，这意味着大多数猫不会在它附近大小便。如果你不能将猫砂盆和食碗放在不同的房间，起码将它们放置在房间的对角，或用一些挡板、隔断来让它们在视觉上分开。

其他大忌

不要使用有盖的猫砂盆，尤其是在多猫家庭中。盖子是给人类用的，不是给猫用的。自然界中没有类似的有盖猫砂盆，需要让猫"钻"进去的猫砂盆会遮挡它的视线，让它难以观察和逃脱。有盖的猫砂盆还会让气味一直留在里面，就像移动卫生间一样，密不透风，又湿又臭，可你那可怜的猫不能堵住它敏感的鼻子。光是想想，我的眼睛都觉得刺痛，猫的眼睛也一样。如果你担心你的猫会把猫砂扒拉出来、不小心尿到外面或溅到墙上，你可以按照之前的建议买一个侧边高一点的猫砂盆，并在侧面开一个口方便你的猫进出。我见过很多的案例，其中猫不使用某个猫砂盆的唯一原因就是它有盖。肥胖、患有关节炎和年老的猫经常难以进入这种猫砂盆或在里面活动。如果你已经有一个有盖的猫砂盆，我建议你要么取下盖子，要么在不同的位置多放至少两个无盖的猫砂盆。

不要使用衬垫！皱巴巴的衬垫发出的噪声对一些猫来说可能是一种威慑，并且它们盖住便便的时候，爪子经常会卡在内衬里；如果衬里不完全适合猫砂盆，尿液可能会溅到它们身上，它们一定不喜欢这样。

如果你仔细阅读了这一章，相信你已经做好充分的准备来让你的猫过上快乐的生活，减少与猫抑郁相关的行为问题，也减少让你抓狂的可能性。我将在下一章简要解释医疗问题和行为之间的关系，以及如何应用C.A.T.计划当中的"T，改造"。

Chapter.

⑥

第六章

心理与生理：猫的健康与行为之间的关系

"说英语！我不知道一半长单词的意思，我也不信你知道！"

——小鹰，《爱丽丝梦游仙境》

猫的行为由基因、所处环境、社会化程度以及健康状态共同塑造。许多行为问题源于疾病，应首先由兽医进行治疗。但是，即使是与疾病相关的行为问题，也不应该只向兽医咨询，还应该向猫行为学家（或本书）咨询。根据我与数千名客户及兽医相处的经验，兽医擅长处理大多数医疗问题，但很少能成功处理行为问题，尤其是那些已经成为习惯的行为问题。接下来，让我们了解猫的身体健康、行为，以及它们之间的相互关系。

养成定期去医院的习惯

你知道吗，既养猫又养狗的人带猫去看兽医的次数往往比带狗去看兽医的次数少，而比起只养狗的人来说就更少了。事实上，在过去两年中，这种差距变得更加悬殊。建议按照兽医的提议，至少每年带你的猫去动物医院进行一次体检和牙齿检查。当猫出现你不喜欢或不正常的行为时，也应及时带它去医院。

人们不经常带猫去看兽医的一个原因可能是猫比狗更能够隐藏疾病征象。例如，据估计，8 岁以上的猫有近 1/3 患有疼痛性关节炎，但你可能永远不会知道此事。猫不像狗或马那样会出现跛行，甚至很少发出疼痛的声音。事实上，如果它们感觉不舒服，就可能发出呼噜声以自我安抚。猫的某些行为改变，比如突然不愿意或无法跳跃、嗜睡、不愿意玩耍或狩猎，会让主人怀疑它们的健康状况。但还有一些提示，比如突然出现的攻击性、乱排便，有时会被误以为是行为问题而不是健康问题。例如，甲状腺功能亢进可能是引起攻击性行为增加的生理原因之一，而我甚至数不清有多少次猫与猫之间的打斗其实是由牙齿肿痛引起的。

你上一次带你的猫去做牙科检查是什么时候？口腔健康状况不佳，比如牙齿或牙龈的疼痛、口腔炎症等都会引起猫的疼痛和不适，让猫心情变差，非常应激，因此会导致猫之间关系紧张。

习惯性行为与疾病原因

一些"问题行为"有时存在生理基础，在你采取措施治疗行为问题之前，你需要先确保你已经识别并处理了所有可能的健康问题。对于本书中提到的大多数行为问题，我都列举了一个名为"医学预警"的知识栏，以让你了解可能的疾病原因，并考虑咨询兽医。

带动物去看兽医通常能够发现潜在病因，并让动物得到有效的治疗。然而，尽管治愈了疾病，但它可能无法改变因疾病问题而形成的一些行为习惯。这些"问题行为"现在有另一个单独的起因：猫已经形成新的习惯。例如，一些客户向我咨询，他们的猫有过尿路感染或尿结晶，在此次咨询前已经被治愈，但猫仍在乱撒尿。原因可能是：（1）它们将猫砂盆（或其材料、位置等）与之前的排尿疼痛联系在一起，（2）它们养成了在其他地方，比如在沙发上排尿的习惯。联想记忆和习惯都发展得很快，从而让猫在排尿时对新地点和不同材料产生新的偏好。

本书的目标是确保你可以识别猫的行为问题的原始疾病原因，以及习惯和环境原因，同时消除负面联想记忆，从而引导并重新训练你的猫采取正确的行为。也许你现在已经明白了为什么单一疗法，比如单纯治疗尿路感染或只在家里增加猫砂盆，往往是不够的。

猫的视角

另一个促使不良习惯产生的非健康问题是心理创伤。如果你曾在猫砂盆附近对猫大喊大叫或打它屁股、强迫它进入猫砂盆等，它可能会将猫砂盆与因你的愤怒引起的痛苦或负面经历联系起来。在这种情况下，我们也必须逆转这种根深蒂固的关联。

通过药物更好地生活？不要（自行）给猫喂药！

首先要说明的是，药物的确可以挽救猫的生命，其疗效无法替代，且有时这是最负责任、最人道的决定。但我非常担心很多人对正常且容易解决的猫行为问题进行过度治疗。就像一些儿科医生（有时是父母的示意）可能会给婴儿开过量的治疗多动症的药物一样，猫经常会因为那些明明很容易改变的本能行为，例如乱撒尿或抓挠，而遭受过度治疗。

对一个爱猫的人来说，不必要的药物治疗可能会带来悲剧。过度治疗可能会让猫丧命。在你去兽医或动物行为学家那里咨询之前，自己也需要掌握一定的知识。虽然药物治疗在解决某些行为问题方面有着很好的作用，但读了本书的你，要以辩证怀疑的态度看待药物治疗。

第一，根据它们的应用情况，即使是治疗猫行为问题最有效的药物，也可能只有 50% 左右的成功率。例如，治疗乱撒尿最有效的药物，其成功率为 75%~90%，[1] 低于我的方法的成功率。这还是在使用正确药物的前提下。事实上，宠物主人可能需要多次回到兽医那里，要么调整剂量，要么寻找一种更好的药物。那些给乱撒尿的猫长期用药的客户通常能够使用我的方法来消除其乱撒尿的根本原因，并不再给猫用药。

第二，药物治疗即使有效，通常也只在给药期间有效。（用于缓解猫与猫之间的社交冲突的药物是个例外，它的效果也许能维持较长时间。）例如，使用药物治疗乱撒尿的猫，停药后往往有 75%~95% 的概率再次乱撒尿。[2] 如果没有行为矫正计划，一旦给你的猫停药，它就可能会重新做出你不喜欢的行为。

第三，药物处方可能有误。我见过很多案例，兽医有时会迫于猫主人的压力，预先为行为问题开具抗焦虑药物（像大多数的猫用药品一样，这些药物是先用于人类的），但讽刺的是，他们忽视了引起行为问题的根本原因，例如膀胱结石或肾结石。

我记得我的一位客户，亚历山德拉，她那只圆润的缅甸猫奥托有时无法正常使用猫砂盆。在找我咨询之前，兽医给奥托开了一种抗焦虑的药物。在交谈过程中，我对这一处置开始产生怀疑。我问了一些奥托的基本信息，她告诉我奥托已经 12 岁多了，超重，而且"早上起床后腿有点僵硬"。进一步询问后我发现，奥托只有在早上可能会在亚历山德拉的床上——它每晚睡觉的地方——而不是猫砂盆里排尿和排便。亚历山德拉认为它只是不愿意下床去猫砂盆。但她也提到，奥托在进入猫砂盆时表现得很艰难，尤其是在早上。我看完照片后提醒亚历山德拉再次向兽医咨询，这一切都表明，奥托很有可能患有因肥胖而加重的关节炎，且在早上因肌肉长时间不活动而僵硬时情况往往更严重。事实证明，奥托确实患有关节炎。幸好兽医能够治疗这个疾病。与此同时，亚历山德拉和我重新训练奥托远离床，到猫砂盆中排便，问题很快就得到解决。奥托甚至重新开始玩它的玩具，像以前一样在楼梯上跑来跑去。运动量的增加既帮助它减肥，又缓解了它的关节疼痛。

第四，我对药物治疗持保留意见的最后一个原因与它们会引起的不良反应有关。猫对药物的代谢能力不如狗强，药物通常会产生更多的副作用。

尽管如此，毫无疑问，药物有时不仅有用，而且是必要的，甚至可以挽救生命。有时，针对一些没有疾病原因的纯粹行为问题也必须使用药物。比如说，当一只猫对自己、另一只猫或一个人构成威胁时给猫用药肯定比遗弃或杀死它更好。

但对于没有疾病原因的行为问题，我坚信，在使用药物之前，我们应该探索自然的解决方案。基于我的经验，以及仅通过行为矫正计划和改造环境成功解决"问题行为"的高成功率，我认为对大多数出现行为问题的猫进行的药物治疗都是不必要的。如果焦虑的根源很容易被发现并从环境中消除，给猫服用抗焦虑药没有意义。单靠药物不足以解决问题，因为某种行为的出现有其背后原因。正如猫行为学家在猫出现健康问题时应该毫不犹豫地推荐兽医服务一样，我认为，不首先寻求行为学专业知识就用药物治疗猫的行为问题很不道德。

现在，你准备好接受挑战了吗？我们将从猫的一种常见且具有挑战性的行为——攻击行为开始。

Chapter.

⑦

第七章

猫的攻击欲：接受并安抚它内心的野兽

（柴郡猫）看起来脾气很好，她想，不过，它的爪子很长，牙齿也很多，所以她觉得应该尊重它。

——《爱丽丝梦游仙境》

同等体重下，猫是可怕的对手，它们被称为完美的食肉动物。狗只有牙齿这一种武器，但猫有更多。它们有锋利的牙齿，足以利落地切断与它们体形相近或更小的动物的脊髓；有四只几乎可以抓握的爪子，如剃刀般锋利，猫可以像挥舞剑一样挥舞它的爪子。猫还有许多其他的战术优势。它们的行动比耳语还要安静，且兼具爆发力和速度。它们可以随意控制身体。猫的脊椎可以像面条一样弯曲，且因为没有锁骨，它们的肩膀几乎可以向任何方向旋转。就像最伟大的人类运动员一样，猫可以精准判断自己的空间位置。每个人都知道，猫从足够高的地方跌落时通常可以在空中调整位置，用爪着地。（但不要为了验证这一说法而把猫从高处抛下，以免给它造成严重伤害。）格温·库珀在她与猫的感人回忆录《盲猫荷马的生命奇迹》中，讲述了她那失明的猫——荷马，如何在房子里追着苍蝇，突然跃向约 1.5 米或更高的地方，通常还会完成一个后空翻，然后叼住一只苍蝇。

被猫咬伤

被猫咬伤后可能会引发非常严重的细菌感染，被咬伤的人约有一半的概率会感染，这个风险是大多数养猫的人挑选小猫时没有考虑到的。猫对人和猫（或其他动物）都可能造成很严重的咬伤，一旦发生，需要立即治疗。

猫有如此精良的武器和防御系统有它的道理。它们的非洲野猫祖先都是独自生活、追踪、狩猎，以及捕获、杀死、守卫猎物并进食的。现在的猫仍然这样做，不像狗和狼那样需要依靠一个群体。猫既是猎手又是猎物，而它们在适应自己猎手的身份方面，几乎是独一无二的。

那么，当一只猫似乎要攻击你时，你会怎么做，反击吗？有人曾尝试这么做，结果很不幸。

不要做的事：惩罚、斥责或朝它伸手

正如我在第一章中解释的那样，你应该避免惩罚或斥责你的猫。当然，如果你面对一只愤怒或带有攻击性的猫，愿意冒着手臂被抓伤和感到些许愧疚的风险，你或许可以通过"惩罚"制服它。但是虐待（在猫主人看来是惩罚，而在猫看来可能是虐待，我也这么认为）无助于解决问题，只有可能进一步激怒猫、吓坏它、破坏你们之间的关系。所以不要尝试这么做，也不要试图抱起或安抚一只焦虑不安的猫。猫一旦被激怒，通常不会很快平静下来，人类的安抚也没什么用，相反，人类的关注会被一些猫错误地认为是对它们行为的回应。因此最好不要出现在一只心烦意乱的猫的视野里，它可能会伤害你。

对传统建议的提醒

有些人建议，如果小猫与人类玩耍时咬人或者抓人，你应该像猫妈妈一样拍打它或发出低吼，以减少小猫这种不当的玩耍行为。

但我不推荐这种方法。拍打小猫违反了我们不惩罚猫的约定，并且人类毕竟不是猫妈妈，无法使用猫的声音和肢体语言来达到效果。

理解猫的攻击性

首先是理解猫的攻击性，然后你必须尽快解决或管理它，因为攻击性会自我巩固。持续的时间越长，它就会越根深蒂固。我在进行猫行为咨询期间遇到的最大挑战是，一些猫主人放任猫出现攻击性长达几年后才来找我寻求帮助。

除了猫之外，大多数家养动物的领地意识比它们的野生祖先要小。

与祖先相比,这些家养动物一生都更爱嬉戏,不大会对新奇事物感到恐惧和怀疑,很少出现狩猎行为,并且非常依赖人类提供的食物,渴望人类的注意。但是猫在成长过程中会逐渐表现出领地意识和攻击性行为,成年猫的行为与它们的野猫祖先极为相似,这进一步证明猫没有完全被驯化。

凯蒂猫还是疯猫海德?

前一秒还是可爱的小毛球,下一秒就变成了尖牙利爪的小豹子。一只猫能如此快速、彻底地改变自己的状态,似乎令人费解。但其实,攻击性是面对威胁的正常反应,至少在猫看来是这样。事实上,攻击性本能是猫成为优秀生存者的主要原因,猫的最佳保护者是它们自己。

猫有攻击性就像袋鼠会跳跃一样自然,好斗的猫不是坏猫。那些被我们归类为攻击性的本能是帮助它们在野外生存的本能:捕捉和杀死猎物,标记和保卫领地,保护自己和幼崽。猫天生就有在瞬间保护自己的能力,这是猫本性的一部分,它因此而成为伟大的生存者。猫主人可能很难看到和理解这种野外猫的生存机制,尤其是当这种本能掩盖在猫的可爱和毛茸茸之下时。但是,每只猫都有可能因为环境问题表现出攻击性,而猫主人可能在无意识下创造了这种环境。虽然我从未见过我的六只猫中有任何一只表现出攻击性,但我知道这种潜能是存在的。

平均每个猫主人拥有 2.5 只猫,因此家庭内部总有可能出现攻击性行为。猫在两岁左右开始步入社会成熟期时,会出现更严重的攻击行为,如标记行为。虽然未绝育的公猫之间出现由交配竞争引起的攻击行为很常见,但猫之间的攻击性与性别的关系往往不如与社会等级、领地和情感反应的关系密切。大多数猫之间的攻击行为都是隐蔽的、微妙的以及被动的，难以被人类察觉。你很少会看到猫对着食盆低吼。事实上，猫咪们可能会在你面前发生冲突，而你没有聪明到能够察觉这些。一只猫可能会微妙地展现攻击性，而另一只猫会微妙地表示尊重。有些冲突表现为凝视，就像人类一样，首先眨眼或走开的猫是失败者。受到威胁或者发起威胁的猫身上会有着更明显的攻击性迹象，它们往往通过虚张声势和夸张的动作让自己看起来体形更大。它们伸直较长的后腿以弓起身子，让后背和尾巴的毛发竖立（一般称为竖毛）。然而，有些猫会让自己看起来更小，它们会将耳朵紧贴头部以保护自己，紧紧卷曲身体，并远离应激源。它们也可能决定只采取消极的攻击性行为，用一点点尿液标记在对方领地。但无论这些迹象多么明显或微妙，如果两只猫相处不好，会让整个家，不管是猫还是人，都感到不安。

猫对人类的攻击性通常与人类的行为有关。例如，一项研究发现，几乎所有的猫咬人都是因为猫被"激怒"了。这并不一定意味着猫被虐待，但在咬人之前，它一定正被人以一种它不喜欢的方式抚摸，或者在错误的时机被抱起，又或是遇到一些让它不舒适的操作。你可能完全没有意识到自己做出了某些让猫不安的事情，[1]所以应了解猫发起攻击信号的类型和迹象，以避免可能的伤害。

医学预警

与疾病相关的攻击性可能与疼痛或刺激引起的攻击性有部分重叠。你需要先去找兽医排除局部疼痛、全身不适、中枢神经系统异常、猫免疫缺陷病毒、甲状腺功能亢进、局部抽搐或癫痫、感染、饮食缺陷、弓形虫病、肝性脑病、猫缺血性脑病、脑膜瘤、中毒、中枢神经病理变化、牙科疾病、肛门腺堵塞，甚至药物原因，如肾上腺皮质激素和孕激素等疾病因素。[2]

预防方法

在解释不同类型的攻击行为并提供C.A.T.治疗计划之前，我们先回顾一下如何在攻击行为发生之前做出预防。

良好社交和适当介绍

一些猫在幼年时缺乏与人相处的社会化过程，由此产生的攻击性可能最难治。因此，在把一只小猫带进你的家之前，应当先了解它的社会化情况，尤其是它处于较为重要的两到七周龄阶段。如果你自己家里有幼猫在二到七周龄这个重要的窗口期，应确保它们在监督下充分安全地接触人类、其他猫和家庭中的动物，接触各种声音、位置和情形。在那之后，也应该温柔仔细地继续进行这种接触。即使是一次不愉快的经历也会导致小猫恐惧，因此，请尽最大努力确保它们不会遇到吵闹的狗、有领地意识的猫、在家里发脾气乱扔东西的小孩，或是在外遇到冷漠的兽医，以免这些幼猫对狗、其他猫、小孩和兽医产生永久的恐惧（就像你认识的一些人一样）。

早期缺乏充分社会化的小猫与其他社会化良好的同龄猫相比，长大后更有可能表现出恐惧性和攻击性行为。人们经常根据他们所看到的猫做出的行为告诉我，这只猫在被收养之前一定受过虐待。然而大多数情况下，它只是没有得到充分的社会化。猫与人类之间的社会化可以帮助预防它们之后在游戏时出现攻击行为。

对于成年猫来说，正确地向它（们）介绍你带回家的新猫（或人、狗和其他宠物）非常重要。如果你这样做了，你应该庆幸。有时，猫表现恐惧或出现领地意识的唯一原因是主人过于急切地将新猫带入家中，为此后多年的混乱生活埋下了隐患。让它们在门缝下相互嗅几天远远不够。（请参阅第四章，了解将猫介绍给彼此的完整过程。）

减少人类的参与

为了减少猫咪玩耍时发生攻击行为和捕食行为，千万不要用你（或其他人）的身体部位与它们玩耍。我见过人们用手指、脚趾和头发逗猫，或者和猫脸贴脸。最好不要这样做。正确的做法应该是用绳子和逗猫棒，或用简单的小玩具和它们玩，或者让猫独自与电动玩具玩耍。

绝育

未经绝育的猫通常更具领地意识和攻击性（也更容易乱撒尿）。求偶欲望是猫的一种本能，可以也应当被消除。猫的繁殖能力非常强。如果想让野猫种群数量维持稳定，每天得死掉至少 3 万只猫。[3] 野猫种群数量庞大，仅在美国就高达 7000 万只，这已构成了一场人道主义危机。即使是家养猫，公猫绝育的比例（38%）或母猫绝育的比例（31%）也小得惊人。养猫群体不给猫进行绝育，导致了数百万被遗弃的野猫及其后代的不幸，并引发其他许多负面影响，例如：公共区域的污染；夜间嚎叫扰民；尸横遍野（猎物的和死亡的野猫）；宠物和人被攻击；野猫闯入房屋；社区内跳蚤泛滥；由猫弓形虫病引发的健康风险（对人类）；宠物、观赏鸟和观赏鱼，以及野生鸟类的死亡；花园里遍地是洞。[4]

每年还有数百万只猫被送到动物收容所接受安乐死，其中许多公猫是因为行为不当而被送去，这些行为本可因绝育消除或减少。为了降低公猫繁殖或保护领地的本能，应该在四到六个月大的时候给它绝育。大约90%在发情期开始前绝育的公猫从未攻击过其他猫。而且什么时候绝育都不算太晚：给成年公猫绝育，依然有90%的概率让它们停止打架（50%立即停止，40%几个月后停止）。[5] 母猫早期绝育不仅有助于减少猫的数量，而且有助于预防乳腺癌。

威慑其他动物

让其他动物远离你的房子和院子。猫出现重定向行为、基于恐惧和领地意识的攻击行为的一个常见原因是它看到了外面的狗或猫、土地上的爪印、地上的粪便，或闻到了窗户上其他猫的尿液标记。如果你认识这些散养动物的主人，你可以要求其主人让它们远离你的家和院子。（如果你没有得到邻居的帮助，请参阅第九章，了解如何阻止外面的动物进入你的住所。）如果你想喂食野猫，记得在远离住所的地方进行。

猫攻击行为的分类

我们可以根据攻击行为的原因或功能来进行分类。第一种是由特定原因引起的攻击行为，如恐惧、拍打或疼痛（"应激性攻击"也属于此类）；第二种是猫与猫之间的攻击行为，可能是因为争夺领地、害怕，或是争夺配偶权，也可能是出于母性（其他猫可能威胁到母猫的幼崽时）；第三种则是侵略行为和捕食行为。攻击行为可以由其基础的情感进一步分为进攻性行为与防守性行为。在本章，暂且不讨论攻击行为的细分，如应激性攻击，这属于更广的分类方法。也不讨论与疾病相关的攻击或特发性攻击，特发性攻击是指"我们完全不知道猫为什么会那样做"，正如爱丽丝所说，"与其把时间浪费在问没有答案的问题上，不如做一些更有用的事情"。

下面开始深入讨论各种攻击类型，包括猫针对你、其他人、其他猫、其他动物的攻击，或真正的游戏攻击行为和狩猎行为。我们先来解释引起这些行为的不同原因，然后提供一个适用于这两种攻击行为（进攻行为和防守行为）的C.A.T.计划。

游戏攻击行为

当你抚摸小猫或与它玩耍时，它可能会玩得太过，用力咬你的手指或是抓你的脚踝。小猫似乎总是在随意抓挠，在你身上留下血淋淋的伤痕。但其实它只是做着所有小猫都会做的事情，就是提高自己的狩猎技巧，只是它还不会克制和收敛。这种小猫可能会在玩耍时突然像被打开某个开关，开始竖起耳朵，低吼，然后发起攻击。猫在玩耍时通常会保持安静，处于防御或进攻状态时则可能开始低吼或发出嘶嘶声。

正常的玩耍行为

许多人（不仅仅是第一次养猫的人）不知道小猫训练自己的狩猎技能是正常行为，他们还以为买了一只小豹子。小猫在大约两周龄时就开始拍打移动的物体，到了三到四周龄，就开始四处走动探索，并进行社交游戏。小猫轻轻地抓咬，摆出一系列姿势，旨在增强其眼与爪的协调性并提高狩猎技能。这些游戏有多种目的，比如强身健体、探索环境、增强协调性、掌握攻击节奏和促进中枢神经系统发育。[6]小猫一次又一次地重复狩猎行为或一系列运动模式，最终熟能生巧。只要注意观察，随着时间的推移，你会看到你的小猫做出以下姿势。

- 肚皮朝上
- 站起来
- 弓起身子侧着走
- 猛扑
- 竖直站立
- 追逐
- 横向跳跃
- 对峙

小猫还会练习捕捉不同种类的猎物，从"老鼠"（扑向一个小物体并用前爪抓住它），到"鸟"（拦截飞行物体并将其咬在嘴巴里），再到"兔子"（较大的移动物体，比如我那只茶杯吉娃娃，当约瑟芬和法尔西还是小猫时，它们总是伏击它，把它压在地上，并轻轻地咬它脖子，就像是古代剑齿虎和狼之间战斗的重演）。同小孩子一样，小猫甚至有想象中的朋友，它们会兴致勃勃地参与"幻觉游戏"。

如果对小猫进行过正确的游戏社交教育，在它玩得太过时，会被同窝的小猫或它的妈妈咬一下，抓一下，低吼一声，或者拍打几下。猫妈妈或同窝的小猫通常会远离或推开过度兴奋的小猫。这是在告诉这只小猫：你太粗鲁了，注意点，否则我们就不跟你玩了。当得到"适可而止"的信号时，兴奋的小猫就会学习校准它的动作、反应以及咬或抓的力度。

不正常的玩耍行为

游戏时的攻击行为从猫生理上的青春期开始，到两岁左右最为常见，这一时期被称为心理青春期。猫在玩耍时表现出过分的攻击性有四个常见的原因：有野猫，被过早地从母亲和同窝小猫身边带走，主人给它的社会化教育太具攻击性，营养不良。如果一只小猫被过早地从同窝小猫和猫妈妈那里带走（特别是在我们所称的"敏感期"，即 7 周内，甚至是 12 周之前），或者猫妈妈由于疾病、过早怀孕或死亡而无法陪在小猫身边，那么这只小猫将无法习得许多宝贵的经验。这同样适用于野生小猫，它们无法学习到与人类相处时的分寸。一只野猫可能出现典型的游戏时攻击行为（有些猫行为学家称之为"因缺乏社会化而出现的攻击行为"），因为它在"敏感期"从未与人类互动过。就像一个小孩在最闹腾的两岁时从未听过一次"不可以"。

此外，如果小猫因任何原因营养不良，其协调性和反应能力可能会受到影响，并因此出现反应过激、过度恐惧或攻击性。换句话说，对于游戏时出现攻击行为的幼猫和成年猫来讲，已经无法使用最佳疗法，即在小时候进行适当的社会化和补充营养来改善。但正如你将在本章后面看到的那样，即使无法预防，还是有改善方法的，所以不要绝望。

人为引起的游戏攻击行为

很多时候，繁育者和收容所的工作人员无意中做出的事可能让猫出现游戏时攻击行为。有些小猫过早被领养，此时它们可能才6~8周龄大。小猫在12周龄之前离开猫妈妈和同窝小猫不利于它的社会化进程。我知道收容所里小猫泛滥，特别可爱的小奶猫更容易被领养，但是当小猫因为本可以避免的行为问题而被送回时，这种策略可能是小聪明误大事。

收容所的工作人员也可以通过说服领养人一次领养两只小猫，来帮助它们进一步社会化，防止未来可能发生的行为问题。领养两只小猫，它们将有机会继续锻炼它们的社交技能，并降低以后出现行为问题的可能性。你的小猫也不会因为太无聊而不得不把所有的游戏时间和游戏目标都寄托于你。我一直觉得把一只小猫从它所有的同窝伙伴里带走，对它来说是一种不必要的心理创伤。我真诚建议收养两只小猫，即使第二只小猫和第一只不是来自同一窝，而是来自收容所隔壁笼，或者它们中的一只或两只已经超过12周龄。对你和小猫来说，领养两只小猫会比领养一只更有趣。

如果主人在和小猫玩耍时闹得太过，无法抗拒和一个小小的、有牙齿的毛球摔跤的乐趣，那么他们可能需要一些更适当的游戏方式。不止一位主人承认他们用手和小猫摔跤，当小猫（还算温柔地）抓挠他们时，他们用手把小猫滚来滚去。当你的猫还是小猫的时候，这一切会很有趣——多可爱啊！但是要小心，你可能正在训练一只悄悄崭露头角的老虎。许多研究人员和训练员也坚信，即使是狗，表现出暴力倾向与其说是品种基因问题，不如说是主人的训练问题。[7]

从来不与小猫玩耍的主人也需要做出改变。小猫会本能地寻找最佳目标，即移动的目标来练习捕猎。你不能指望仅仅在地板上放几个一动不动的填充着猫薄荷的玩具老鼠就能满足猫的一切需要。如果你从不用逗猫棒或者其他可移动的小玩具和你的猫互动游戏，那么小猫可能就要将你动来动去的手和脚作为玩具了。

幸运的是，与不当的游戏时攻击性行为相关的问题很容易被纠正或改善，而且完全不需要像一些缺乏知识的猫主人那样，给猫进行去爪手术。事实上，去爪手术后，猫会更频繁地使用牙齿攻击。

捕食性攻击行为

在 8 岁的某一天，我像往常一样在外面考察动物王国时，发现了一只小鸟。它刚出巢，在篱笆栏杆上摇摇晃晃地走着。我用从猫那里观察到的潜行策略悄悄接近这只小鸟，高兴地发现它没有飞走。我刚爬到篱笆上，正要伸手去抓那只鸟，突然一道棕黑相间的闪电把那只鸟从篱笆上抓走了。那道闪光是斯朋基，一只我正努力打交道的谷仓猫。

我目睹了一次经典的猫科动物捕食行为。斯朋基捕猎时的情绪状态既不是进攻性的也不是防守性的，猫捕猎时是没有感情波动的。在猫妈妈的帮助下，大约 5 周龄的小猫针对它们的正常猎物，例如在围栏上摇摇摆摆的小鸟就会开始捕猎，这是一种正常的猫科动物行为。在小猫一个月大的时候，就已经开始在游戏中练习捕食技巧了。在 5~7 周时，小猫会尝试独自狩猎，在 7~8 周时会互相模拟打架，并且随着神经肌肉控制的改善，在 14 周时成为高效的猎手。由于各种原因离开猫妈妈或人工饲养的小猫成年后可能表现出更具攻击性的捕食行为。

与游戏时的攻击行为一样，猫主人经常将捕猎时的进攻行为误解为恶意攻击。这样的想法常常让猫遭受虐待。你可能正坐在沙发上看报纸，发现你的猫在沙发角落里盯着你，身子蹲得很低，扭动着屁股，然后弹射到你搭在矮凳上的双脚上，抓住你的双脚然后很快又松开并跑开。这是猫做出的一系列狩猎行为。

一些专家认为，捕食行为根本不应该被称为攻击行为，因为它不属于自我保护，也没有社交功能，不涉及愤怒或恐惧之类的情绪状态的改变。猫捕食时并没有感情波动，只是天性如此。尽管这样，猫主人还是不想看到发生在家里针对他自己或其他猫的突然袭击。

制止捕食性攻击行为

如果你的猫被限制在室内，而美味的小鸟在屋外飞来飞去，那么猫将会克制自己的捕食行为。你会看到它的尾巴前后摆动，看到甚至听到它的下巴轻微地颤动。

玩耍是提高小猫狩猎技巧的正常行为，在成年猫中，玩耍和捕食行为依然是正常的。不仅正常，而且玩耍对猫的心理、身体和情绪健康都至关重要，也有利于预防一些问题行为。这就是为什么C.A.T.计划中的治疗技术旨在允许猫继续玩耍或练习狩猎，但不再以你或家中其他动物为目标。

针对捕猎和玩耍时攻击行为的C.A.T.计划

终止不必要的行为

限制猫接近你是困难且无趣的，最好的解决办法是保持警惕，预测你的猫想要攻击你的时机，以便及时避开。

避免用手与小猫玩耍

首先应避免让你的猫想要捕食你的情况。例如，注意自己的动作，任何一个动作都可能引起猫的玩耍/捕猎反应，从而导致咬伤或抓伤。如果你一直在用手和小猫玩耍，立即停止这么做。虽然在小猫头上摇晃手指引诱它和你玩耍令人愉悦，但这么做就是在训练它追逐你的手。也别用脚趾这么玩！当它想要对你的身体部位发起攻击时，尽量别让它碰到。可以给小猫戴上铃铛项圈，方便听到它走近，从而避免它的突然袭击。

做到以上所有这些可能需要你发挥一些创造力，也会带来一些不便。但是，猫跟你玩耍时释放捕食本能的次数越多，就需要越长的时间和越困难的过程来改掉它抓人咬人的坏习惯。

预测攻击

学会读懂猫的肢体语言很重要，这样就能发现它即将咬人抓人的信号。游戏性攻击行为的警告信号包括：

- 躲在门后和其他物体后面，等待袭击目标
- 尾巴抽打地面
- 将耳朵向后翻转或压平
- 露出爪子
- 绷紧腿和肩膀
- 摇晃臀部
- 降低头部

需要注意的是，一些玩耍和捕猎的攻击姿势实际上可能与源于恐惧的攻击姿势相同。这些姿势包括：

- 潜行——猫趴在地上，缓慢向前移动
- 低吼

捕食性攻击行为的警告信号包括：

- 无论是否饥饿都很积极
- 情绪变化很小或没有变化
- 注意力高度集中
- 安静、刻意而非心血来潮地潜行
- 在紧盯和跟踪猎物后，执行其余的狩猎行为（见第五章）：追逐、抓住、突袭、咬住猎物以及最终致死性的撕咬

· 伏击、潜行、低头、扭动臀部、抽动尾巴（捕猎的身体姿势）

分散注意力和重定向行为

如果你的猫表现出任何即将发起攻击的迹象，试着在它那么做之前进行干预。比如，甩一甩逗猫棒或者扔出去一个小玩具，以分散它的注意力。有效地转移注意力可以锻炼猫对正确猎物的捕猎冲动，养成攻击正确目标的习惯。同样重要的是，这能够阻止猫对着你演练捕猎动作，甚至强化这些坏习惯。猫的狩猎欲望可能包括咬伤猎物，所以当它表现出想吃掉猎物时，就给它食物或零食，这将进一步加强其对"玩具是有吸引力的和有回报的狩猎目标"这一认知。

把逗猫棒和其他玩具放在屋内你常待的地方或者猫总是袭击你的地方，比如沙发旁、走廊、椅子、床、厨房。这样一旦你发现你的猫有发起进攻的迹象，就能很方便地拿起这些玩具。如果你的猫只在特定时间点进行攻击，比如在你下班回家时，可以试着在白天把它关在另一个房间，以减少它与你回家这个触发事件的联系；或者带着逗猫棒进门，转移它的注意力。作为一种预防措施，建议在看到攻击迹象之前，就拿出玩具和猫玩耍，尤其是在它经常发起进攻的环境或地点。

掌握时机很重要，不要等到它真的表现出攻击行为后再来尝试分散它的注意力，否则会强化这种攻击行为。因为猫会认为它做出这些攻击行为以后，你就会和它一起玩耍。

无视：猫妈妈的冷落

我们可以从猫妈妈那里学到很多东西。当一只小猫做出了太粗暴的行为，比如用力咬而不是轻轻地叼时，猫妈妈可能会站起来并离开这只小猫。即使是人类，使用撤回注意力这一招也非常有效。当你的猫玩得太过时，立即撤回你对它的注意力，并离开房间几分钟。小猫过不了多久就会明白，咬或抓得太用力会让它失去你。

针对游戏攻击行为：厌恶疗法和假扮上帝

如果你的猫仍然无情地攻击你，那就是时候假扮一下上帝了。悄悄地使用水枪或压缩罐装空气，喷射出一小股水或气体刚好足以中断它的攻击即可。但绝对不要用这种技巧来惩罚猫或者给它造成创伤，只要稍微吓到它就行。不要对着猫的脸喷水，瞄准它的一侧或后身，也可以让罐子在你背后发出声响。

最后，当你的猫处于捕食攻击模式时，千万不要从它身边跑开，因为奔跑可能会加剧它的捕猎反应。

针对自然捕猎行为：预防和管理

猫对适当或自然的猎物的捕猎行为很难用人道的方式"治疗"。最好的解决方案是防止你的猫接近鸟类和其他户外动物。给猫戴上带铃铛的项圈，让它的猎物得到预警，并拥有逃跑的机会。但这也不是万无一失的。猫就像武术大师，我见过有的猫凭直觉学会如何在不让铃铛响的情况下移动。如果猫能学会使用弓箭，它们就会像《箭术与禅心》一书中的禅宗大师一样，蒙着眼睛射中目标，再用第二支箭劈开第一支箭。但无论怎样，你都可以试一下戴铃铛项圈这个方法。

如果猫已经开始盯着猎物，将要进行它的下一步狩猎动作时，试着分散它的注意力（使用乒乓球等）。如果没有在它凝视猎物时打断它，已经开始跟踪或追逐猎物的猫可能更难被分散注意力。

诱导猫采取新的、可接受的行为

现在，我们要向小猫展示在室内环境中该做什么。小猫需要玩耍、啃咬、抓挠和捕猎，这是无法改变的，这是它们在小猫阶段注定要做的事。我们只需要帮助它们将这种行为应用于适当的目标。

安排固定的游戏时间

与许多猫的行为问题一样，游戏/捕猎攻击行为也可以通过常规和可预测的程序来减少——这是一种顺势疗法[①]。游戏是猫锻炼身体的好方法。设定一个每天和猫用玩具互动的时间表，这种可预测的游戏时间安排可以让小猫知道什么时候应该活动了。对于成年猫，建议每天和它们玩两次，每次 10~20 分钟。对于小猫，建议每天最多玩 4 次，这与自然条件下的小猫天性相符。如果你的猫很容易感到无聊，就玩 2 分钟，然后让它休息 5 分钟，再继续玩。（有关训练猫游戏/捕猎技巧的完整描述，请参见第五章）。

可以用无须操纵的玩具（如电动玩具）来补充互动游戏时间，这样即使你不在猫身边，也可以让它尽情释放精力。如果猫喜欢在你下班后坐下来时或上床休息时对你发起捕猎动作，那么可以在这些时间点之前（睡觉前 30 分钟）预防性地陪它进行狩猎行为或其他形式的游戏，或在工作时启动电动玩具陪它玩耍。

奖励你想要猫重复的行为

当一只猫做了一些不受欢迎的事情时，主人很容易想到的是纠正（甚至是惩罚）它，但有一个最有效的技巧常常被忽略：当猫在游戏中攻击了适当的目标，或表现得沉着冷静，或者做出其他可取的行为时，用温柔的声音赞美它、抚摸它、给它食物或零食，还可以使用响片训练来奖励和促进特定的正向行为。（有关响

---

① 顺势疗法是指为了治疗某种疾病而使用一种能够在健康人身上产生相同症状的药剂的治疗方法。——译者注

片训练的更多信息，参见附录A）。

领地的改造

这部分的关键词是环境丰容。一只无聊的猫可能会想咬你的脚踝。给它足够的机会，在适当的目标上释放它的攻击性和捕猎本能。让家里成为一个充满刺激的地方，使它可以栖息、躲藏和玩耍。（相关信息请见第五章。）

针对游戏攻击行为：考虑再养一只小猫？

如果你只养了一只小猫，而它总是无情地攻击你，那就考虑在家里再养一只年龄和体形都差不多的小猫。养第二只小猫有时是让你的小猫释放精力的最佳方式。当我向大多数身上还有咬伤的主人提出这个建议时，他们通常不大想采纳。但是当他们真的再养了一只小猫后，大部分情况下，那些他们不得不忍受的攻击行为要么消失了，要么至少减少了一半。如果再养一只小猫不可行，那么你需要集中精力为你的猫增加游戏机会和互动玩具的数量。

耐心点。改掉坏习惯和培养新习惯都需要时间，猫只是在展现它的本能。在大多数情况下，当小猫长大后，游戏时的攻击行为就会消失。

接下来要讲重定向攻击，一只猫如果无法攻击到它想要攻击的目标，就会把攻击目标重定向到附近的某人或某物。重定向攻击通常始于恐惧反应，有时会导致猫与猫之间攻击性行为增加的恶性循环。

重定向攻击

一篇有关猫的文献记录了一个案例，一个会说话的玩具娃娃发出的声音吓到了家里的猫，这只惊恐的猫袭击了抱着娃娃的小女孩，咬了她的脸。虽然这是重定向攻击的最极端情况，但当有什么东西引起猫的恐惧，而它又碰不到刺激源本身时，对附近的人或动物发起重定向攻击就是猫的一种典型的反应。重定向攻击是最令人困惑的一种行为，因为我们常常无法发现原因，也不知道是什么触发了这种突然的攻击。大约一半的猫对人的攻击实际上是重定向攻击，但通常被人误以为是毫无原因的攻击。其实猫这么做没有恶意，只是因为它处于一种反应过激的状态，以至于不得不按照原始冲动行事。

我们来看一个常见的重定向攻击场景：你的猫莫伊坐在沙发上，透过窗户看到一只邻居的猫穿过它的领地。莫伊发声恐吓，然后突然转身攻击了睡在它旁边的大丹犬。莫伊看到了外面的猫（或别的动物），可能引发了它的恐惧，然后触发了它的或战或逃反应。它身体里充满了攻击的欲望，并选择了战斗而不是逃跑，但却无法向引起战斗欲望的目标释放它的攻击性。因此，它把这种冲动转向了附近的某个对象，比如说狗身上，窗户、家具和无辜的灯罩在这种情况下也都可能遭殃。受到重定向攻击的对象也可能是猫附近正喝着咖啡的你，家里正忙活自己事情的另一只猫，或者正在沙发上小睡的你的伴侣。出现在一只心烦意乱的猫面前的任何目标都可能成为它的重定向攻击目标，而且，因为猫在遭遇引起它反应过激的事件后这种应激状态会维持一段时间，你可能永远无法知道为什么你的猫会突然殴打旁边的某个东西。

我有个客户最近买了一个大的猫爬架，并放在窗户旁边，以便于她的猫可以享受阳光。但几天后，她注意到猫变得烦躁不安，有时甚至表现出攻击性。她告诉我，有时，她只是路过猫爬架，猫就会伸出爪子猛烈地攻击她。经过一些调查，我们发现，在猫爬架上，她的猫可以经常看到邻居家的猫穿过院子。这又是一起重定向攻击案例！不用说，在我们移动了猫爬架的位置后事情就解决了。

银幕上的重定向攻击

如果你看过电影《三个臭皮匠》，或者你在优兔上看了很多类似的视频，你就会了解重定向攻击行为。莫伊戳了一下拉里的眉心，拉里转头踢了柯利的屁股。拉里所做的就是把他对莫伊的攻击性转移到了柯利身上。（莫伊通常也是在转移自己的攻击性，他之所以开始打人，是因为他对周围的环境感到烦躁。）

正如《三个臭皮匠》教给我们的，人类可能比猫更能理解重定向攻击时的心理活动。我曾经向一位家里的猫有重定向攻击行为的猫主人解释过这个概念，"哇，"他说，"我想我妻子也会这样。"

问问动物，它们会教你

我一直觉得人类比我们想象的更像动物。通过研究宠物，我们可以了解很多关于自己和人类行为动机的信息。这或许是一种反向的拟人化。

重定向攻击可能突然发生，并且似乎毫无缘由，这会让无辜的受害者感到非常不安。重定向攻击对家里其他猫来说太可怕了，这非常影响攻击者和受害者的关系，进而颠倒整个猫的社会等级。只要发生过一次，一只猫对另一只猫发起过重定向攻击，就会让这两只猫暂时或永久出现冲突，并引起恶性循环（除非专业人员干预）。这可能对一只或两只猫都造成创伤。想象一下，两只猫正在安静地休息，突然有一声巨响，把它们都吓了一跳。两只猫炸起毛，摆出一副防御姿势。然后它们看到了对方的防御姿势，并对自己说："难以置信，看起来那只猫真的要攻击我了。"然后，两只猫都会做出更具防御性的反应。一只猫会发起攻击，它们可能会打一架，并且在之后每次见面时都互相表现出攻击性。两只猫都觉得是对方挑起的事端。一只从镜子里看到自己的猫也会做同样的事情，当看到镜子里的"那只猫"炸起毛时，它会变得越来越激动。不论好坏，猫对已建立的联系都有着非常长久的记忆。

兽医行为学家斯蒂芬妮·施瓦茨写道："受害者的恐惧变成了一种条件反射的妄想症，它表现出防御性的肢体语言，以至于'霸凌猫'在很久之后，哪怕已经忘记了最初的情景，却仍会挑起攻击。"让情况变得更复杂的是，如果最初发起重定向攻击的猫的地位实际上低于其攻击目标，受害猫可能在以后成为加害猫。《三个臭皮匠》里看不到柯利打莫伊是有原因的，你不能欺负一只强势的猫！强势的猫会坚守自己的地位，而最先发起攻击的可怜猫可能会发现自己不断地被欺负。

如果你是最初的受害者，你的猫现在可能会习惯性地将你视为发起攻击的刺激源。

不过幸好，还有解决方案。

重定向攻击的管理

已经发生的重定向攻击事件是无法解决的。首先，要处理好重定向攻击的直接后果：打斗和骚动，然后为了防止再次发生，要设法消除引起恐惧的导火索。

终止打斗，隔离猫

因为猫没有明确的基于支配地位的等级制度，所以它们不能像狗那样解决问题。相反，一般来说，它们打斗的次数越多，问题就越严重。因此，如果你的猫重定向攻击了家中的另一只猫，它们发生了打斗，最好立即安全地将两只猫隔离开。不要插手猫之间的事，只需在两只猫之间插进一个枕头、一块硬纸板，或者在其中一只猫身上裹一条厚厚的毛巾，来结束这场争斗。不要使用令猫厌恶的打断方法，比如假扮上帝，在消极的处境下添加负面因素只会使情况变得更糟。如果你能在不抱起攻击猫的情况下诱使它进入一个单独、安静、黑暗的房间是最好的。如果它待在发生触发事件的地方，可能会感到紧张，甚至认为该房间的任何东西都是触发它恐慌的敌人。如果它继续有意识或无意识地接触到触发因素，会增强它的恐慌感，从而更难治疗。

如果你不能诱导它离开那个环境，就让它独自在那儿慢慢平静。确保它有食物、水、猫砂，最好还能有信息素帮助它镇定下来。攻击事件发生期间，无论如何都不要触摸或抱起激动的猫或狗，不然可能会被咬伤或抓伤，虽然它们不是针对你。所有的猫都可能需要几个小时甚至几天才能平静下来。初始刺激越强，恢复期越长。你要做的只是温和地把其他动物或人带离那个房间，然后寻找并消除触发恐惧情绪的因素。

稍后，使用游戏疗法和食物，让猫对发生争斗的位置重新建立积极的联系。可以通过让猫观察玩具或参与游戏，安抚它的情绪，让它从恐惧变为平静（见第五章）。

消除触发恐惧的因素

第九章将会讲述如何让外面的猫远离你的院子，如果无法阻止它们进入你家猫的视线，该章还将讲述如何遮住猫观察外界的窗户。你并不需要遮住整个窗户，只需要遮住它能看到外面的那部分即可。

即使触发猫恐惧情绪的因素永远消除了，猫之间的关系也可能已经被破坏。此时应遵循C.A.T.计划，处理随后会出现的领地争夺、恐惧和猫的相互攻击。应特别注意，要通过可控的接触让猫重新习惯生活在一起。如果情况真的很糟糕，可能需要将它们重新介绍给彼此（见第四章）。

接下来要讨论三种类型的攻击，并提供一个适用于这三种攻击且对重定向攻击也有效的C.A.T.计划。

领地性攻击

　　独行的猎手往往会因领地意识表现出攻击性，本能告诉它们：我必须让竞争对手远离我的重要资源。猫在社会性成熟后表现出领地意识是正常的，通常在两岁到四岁之间出现这种倾向，生命周期告诉它们是时候确立社会地位和领地了。地位和领地是紧密联系在一起的：为了获得更多的领地或有权分享领地，你的猫会尝试确立相等或更高的地位；为了获得更高的社会等级，它必须获得更多的领地。猫的领地意识通常是逐渐发展的，无法被猫主人轻易察觉，等你最终注意到这种情况时，事态已经看似毫无缘由地发展了。一个家庭里经常会出现这样的事：两只猫一直是最好的朋友，然后突然间一切就变样了——它们不再蜷在一起睡觉、互相梳毛、开心地玩耍，而是一看到对方就咆哮和嘶嘶叫。

　　虽然比起完全陌生的猫，家里的猫可能更能容忍它们以前见过的邻家猫，但即使是最温柔的那只猫也可能驱逐你院子里出现的另一只猫。你可能会看到它为守卫领地打下的基础：巡逻领地，用尿液和气味腺在里里外外做上气味标记。事实上，尿液标记（见第九章）应被视为一种局势紧张的潜在信号，最终可能导致明显的攻击行为。

　　针对入侵者的领地性攻击非常有效，入侵猫在心理上处于不利地位，通常会在原住猫出现攻击迹象时就撤退。猫的尖牙利爪太过有力，争斗后严重受伤的风险太高，因此猫之间很少出现真正的打斗。进攻性和防御性的领地性攻击行为都倾向于表现为高度仪式化的姿态，而不是赤裸裸的暴力，这些姿态可能非常隐晦但确实有效。然而，如果猫咪们真的发生了打斗，而原住猫输了，它不仅可能受伤，而且可能失去在群体中的首要繁殖权，甚至导致心理性不育。

　　领地性攻击行为最常见的原因之一是家中来了陌生成员，无论是新的猫、新的家庭成员还是外来的客人。通常情况下，原住猫会对新来的猫表现出领地性攻击行为，但有时自命不凡的新来者也会这么做。受害猫可能会藏起来躲避对方，甚至可能不再进入猫砂盆。（由此产生的不当排泄行为的解决方案，请见第八章。）

外来的陌生味道也会让猫表现出攻击性，即使它非常熟悉带有异常味道的这只猫。假设你带着猫柯利去看了兽医，回家后，猫莫伊可能会开始莫名其妙地攻击柯利。

莫伊：啊！你身上那股糟糕的味道哪儿来的？

柯利：这是兽医的味道，不是我的，离我远点！

莫伊：我想打你一巴掌。

这种"从兽医那里回家"引起的危机很常见。莫伊可能感觉到领地受到侵犯，并将它的恐惧转变为攻击行为，或者它可能表现出一些行为学家所说的"错误识别导致的攻击性"。

当你从兽医那里（或外面其他地方，如寄养机构）把猫带回家时，它身上就可能沾染了外面的味道。除了"兽医的味道"，原住猫对被接回家的猫的表现和行为都可能表现出负面反应。刚回到家的猫可能还不太舒服，因为麻醉，或者仅仅是坐车引起的应激，它们可能表现得很奇怪。面对这种举止奇怪、气味陌生的入侵猫（猫依靠气味来区分朋友和敌人），同时又可能从主人的情绪中感受到了苦恼，原住猫就会陷入恐惧与重定向攻击的循环，并直接发起领地性攻击行为。

明智的气味策略

你可以通过一种类似于相互梳理的方式，来最大限度地降低气味相关的攻击行为发生的可能性。在把猫带进屋之前，先用一条干毛巾擦一擦原住猫，然后再用这条毛巾去擦刚回家的猫。这样，原住猫就会闻到刚回家的猫身上的气味，就像……它自己！还有什么比这威胁性更小呢？一定不要反其道而行，先擦刚回家的猫，然后把它的气味散布到全家。这样做可能会引发原住猫的恐惧和领地性攻击行为。

我听说或处理过许多针对其他猫甚至人的领地性攻击案例（可能与基于地位的攻击有一定重合）：一只不让临终关怀护士接近其垂死的主人的猫，一只护食到甚至不让主人接近食盆的猫，一只不允许其他猫靠近猫砂盆和它睡觉区域的猫。我还知道一只猫，它总是坐在电子游戏机上，向任何试图接触控制按钮的人挥舞爪子。还有些猫会试图攻击任何来访者（久而久之，你家里就不会再来客人了）。

为客人的到来做准备

如果你打算邀请客人到家里做客，并且认为你的猫可能感到恐惧或表现出攻击性，那么当来客人时，让猫待在单独的房间。第一章引用过的"猫的日记"中这样写道："今晚有一群（人类）聚集在一起密谋着什么。在整个密会期间，我被单独监禁了。"给它提供充足的食物、水、猫砂、玩具，甚至一些零食，并让电视或收音机开着，以制造一些白噪声。关门前一定要和它玩一会儿。当你无法让猫远离那些带来惊喜或惊吓的访客时，记得：

• 修剪猫的趾甲以防止客人被严重抓伤。

• 警告客人不要靠近猫，不要与它有目光接触，不要发出很大的声音或大幅度移动。

• 在手边放一个互动玩具或一些可以扔的小玩具。这些玩具不仅可以分散猫的注意力，而且可以帮助改善猫的情绪状态。

恐惧性攻击

一定程度的恐惧有助于动物适应环境。恐惧情绪可以阻止所有生物做出不明智的事情，以防它们的基因无法延续。换句话说，恐惧让生物尽可能远离受伤或死亡。在动物身上，恐惧会引起四种反应：战斗、逃跑、麻痹或屈服。猫很少会由于恐惧而表现出身体僵直或排尿等麻痹状态，它们从不屈服，通常会选择战斗或逃跑。选择哪一种应对方式是在一瞬间做出的决定，取决于那一刻它认为怎样做最能确保生存。但我发现，当一只猫能够轻松逃离现场时，它通常会选择逃跑；而当一只猫被逼得走投无路，无法找到逃跑的路线或是气到怒发冲冠时，就会选择战斗。这种战斗反应无疑使猫成了伟大的生存者，但同时可能对主人、兽医、儿童、其他家养动物甚至猫本身造成严重后果。

任何事情都可能使猫的或战或逃反应变为恐惧性攻击。比如对特定疼痛的习得反应（例如在兽医办公室经历的疼痛）可能很快会导致恐惧诱导的攻击行为，这一点可以从被带去看兽医时，不愿从猫包里出来的猫身上看到。其他可能引起猫的恐惧性攻击行为的事情包括：被人把药片塞进喉咙；看到一条狗或一个蹒跚学步的孩子朝它走来；听到突然的巨响，如盘子或银器落地的声音；甚至是看到逗猫棒在它身旁移动（不常见，但确实发生过）。恐惧性攻击是生活在同一家庭却没有被正确地介绍彼此的猫之间最常见的攻击类型。每只猫都有一个恐惧阈值，而对于一些敏感的猫来说，这个阈值很低。

身体语言信号

一只感到恐惧的猫可能会仰面朝天，将头正对攻击者，四只爪子都做好了保护自己的准备。一些观察者可能认为这是一种顺从的姿态，狗肚皮朝上的姿势是表示"好吧，好吧，我级别较低"，以顺从的姿态阻止进一步的攻击。但猫并没有表现出支配或从属地位的特定姿势，它们通过进攻性和防御性攻击、回避、静止不动和顺从等一系列行为来表达它们的相对社会地位。肚皮朝上的猫是个可怕的对手，看似顺从的姿势其实并不是向对方的威慑低头，而是试图阻止自己被攻击，它的尖牙利爪已经准备好进攻。猫可以用前肢抓住面前的四足攻击者，同时用后肢豁开其腹部，就像对待猎物一样。你可能见过猫这样戏弄它们的猎物，肚皮朝上，然后猛烈地踢猎物。[9]

猫如果针对你发起恐惧性攻击，很可能是因为它在两到七周的敏感期内很少与人互动。猫如果在此期间严重缺乏与人的互动，之后几乎不可能再通过训练降低它对你或你的访客的攻击性。一些行为学家称之为缺乏社会化引起的攻击，典型的例子是出生和成长在野外的猫（就像我养的第一只猫一样）。大量的时间和爱可以帮助它们变得稍微社会化一些，但转变仍然有限。不过因为基因不同，不同的猫反应也不一样，可能非常友好，也可能永远不习惯人类的触摸。

猫与猫之间的攻击

有很多原因会引发猫与猫之间的攻击行为。它们可能会因为重定向、地位、恐惧、领地或其他只有它们自己知道的原因而打架。但无论什么时候，无论出于什么原因，这都是一个不好的迹象。

你的猫在玩还是在打架？

它们表现如下时很可能是在玩：

- 两只猫很熟悉彼此，从没有互相攻击过。
- 它们没有尖叫、嘶嘶叫、哈气、咆哮或伸出爪子拍打。
- 它们轮流模拟成攻击者。
- 争斗后一只猫没有追逐另一只猫，而且两只猫都没有表现出害怕。

- 没有血迹或毛发乱飞。
- 没有出现飞机耳。

如果你的猫只是在玩，就让它们玩吧。也许这在你看来像是打架，但玩耍确实能让小猫展示它们的自信和力量。这有助于它们建立在家中的社会地位，从而平息领地性和社会性问题。只要猫咪们不是真的以伤害对方为目的而互相攻击，而且每个回合强弱对比不那么明显，就让它们自己解决，以达到它们内部的社会平衡。否则，它们的冲突只会加剧并变得更加频繁。幸运的是，如果游戏时的打斗逐渐过火，许多猫会自行结束打斗。

但如果你看到两只通常不会一起玩的猫在争斗，那可能就是发生了攻击行为。如果在争斗后，一只猫追逐另一只猫，或者它们相互躲着不见面，就更有可能是在争斗而不是在玩耍了。

针对领地性攻击、恐惧性攻击以及猫与猫之间攻击的 C.A.T. 计划

如果你的猫已经陷入一种肢体上的敌对状态，甚至处于暴力的关系中，换句话说，如果它们正打得不可开交，就需要执行下面的 C.A.T. 计划，同初次见面那样，重新互相介绍你的猫（见第四章）。

但是对于那些还没有发生争斗，或者只是偶尔闹点小别扭，平时可以和平共处的猫来说，可以采用下面这些技巧，让局势在恶化之前缓和下来。

终止即将发生的攻击行为

预防

注意以下几点：

即将发生攻击行为的信号[①]：

- 盯着对方
- 抬起后躯
- 发出嘶嘶声（防御时）
- 拍打尾巴
- 埋伏（通常埋伏在去往猫砂盆的路上）
- 伏击[②]
- 乱撒尿
- 发出声音
- 一只猫不懈地追逐另一只动物，例如另一只猫

猫与猫之间紧张情绪正在酝酿的迹象：

在明面上的攻击行为发生之前，警惕的主人会发现酝酿中的紧张局势。

- 盯着对方
- 拍打尾巴、拍击地面、竖毛到像个瓶刷
- 竖毛，尤其是背部的毛发（猫毛突然比平时更蓬松）
- 飞机耳
- 身体紧绷

---

① 请注意，捕食行为看起来可能和攻击行为很相似。
② 一只被领地意识驱动的猫不会扭动屁股（一种嬉戏或捕猎时的行为），但会伏击。攻击者将埋伏在那里，等待毫不知情、只想着自己事情的受害者溜达到此处，并开始一场受害者完全没有料到的打斗。

- 以缓慢、紧张的步态行走，尾巴放低
- 瞳孔扩大
- 弓背
- 舔嘴唇
- 发出嘶嘶声、咆哮声或嚎叫声

即将发生恐惧性攻击行为的迹象：

- 蜷缩，尤其是背靠着墙
- 耳朵背过去，脚缩在身体下方，蜷缩起身子以显得更小，或者呈现一种攻击和防御姿势的组合（耳朵扭平，弓背，缩起脖子）
- 后爪不是朝前，而是朝向随时准备逃跑的方向
- 瞳孔扩大（典型的恐慌反应），眯着眼
- 胡须平贴脸颊
- 飞机耳或耳朵向后转
- 发出嘶嘶声和低吼声
- 背部和尾巴上的毛竖起
- 避免眼神接触
- 流涎（但会很快舔掉）
- 有时会突然排便、排尿

分散注意力

不要让猫持续保持进攻姿态或凝视状态，这一点非常重要，因为这两者都很容易导致猫的打斗。打断它们的凝视尤其重要，而且有效。一旦猫咪们进入互相哈气、嘶嘶叫、不断追逐打架的阶段，就很难甚至无法被打断了。而且它们只要打过一次架，就会建立负面的联系，通常会导致更多的打斗。因此，如果你碰巧注意到你的一只猫表现出上述任何迹象，即使只是非常强势地盯

着另一只猫，也要制造一些温和、隐蔽的干扰。（虽然凝视是一种较为安全的确定领地权的方式，但也有可能导致跟踪、追逐，以及随后的打斗，特别是当被凝视的猫无视警告时。）试着扔出一个乒乓球、玩具、小纸球、小抱枕或附近地板上小而轻的物品来让它们分散注意力。

如果你选择更进一步，假扮上帝，那就做一个好的上帝。不要制造不愉快、烦扰、负面的刺激，比如滋水枪、大声叫或拍手。当猫处于高度兴奋状态时，最好别做出任何可能进一步激怒它们的事情，或产生与彼此的负面联系。我们要做的是让每只猫都能从和对方的遭遇中走出来，而不是一看到对方就想起更糟糕的回忆。

将攻击重定向到捕猎目标

这是一个很好的技巧，可以在打断猫的凝视或进攻姿势后立即使用，其本身也是一种分散注意力的举动。假设你走进一个房间，立刻察觉到有不妙的事情要发生，甚至能感受到空气中的紧张气息，那么在猫咪们开始争斗前，拿一个玩具或逗猫棒来分散攻击猫的注意力，重新定向它的攻击欲望。掌握时机至关重要，你必须在它发动攻击之前，就用玩具转移它的注意力和重定向攻击。如果在它攻击后再进行，结果就会变成用玩耍的奖励来强化你不想看到的行为。

如果你有两个逗猫棒，而且协调能力较好，可以分别操作它们（一只手拿一个，相距较远），这是在同一个房间里与两只猫一起玩耍的好方法。不过如果两只差点儿打起来的猫靠得太近，就别这么做了，你肯定不希望看到它们为了争夺稀缺的资源——一个猎物玩具和你的注意力——而争斗。如果只有一个玩具，或者猫咪们看起来太紧张而不能在对方面前玩耍（或者厌恶对方），那就把它们分开放在不同的房间里，分别陪它们玩耍，以改善它们的情绪。

对于经过了战斗准备阶段，已经开打的猫来说，则需要采取不同的策略。

它先开始的！

人们通常会认为是攻击者挑起了战斗，但有时，其实是被攻击的猫先试图通过凝视来威胁攻击者的。

别吵了！

第一要务是停止打斗，让它们离开对方的视野，给彼此一个喘息的空间。请参阅本章中"重定向攻击"部分。

隔离猫

隔离时间的长短取决于猫咪们的表现，可能需要几分钟、几小时，甚至几天。当两只猫都开始表现得像平常一样，不再那么紧张和反应过度，恢复进食，想要玩耍时，就可以让它们再次待在同一个房间里了。

控制相处时间：这对快乐的相处很重要

如果你注意到猫咪们在一个房间里相处一会儿，比如 20 分钟后，就会开始互相吼叫、追逐或打斗，那么应试着在它们共处时计时，以便在它们感到焦虑前把它们分开。如果等到其中一只猫表现出烦躁时才把它们分开，那么两只猫都会简单地把这个记忆归类为：当我和另一只猫在一起时，坏事就会发生。这会让事情变得更糟。

让猫最开始接触时保持一定距离，最好是在不同的猫爬架上或在房间的两端。只要它们没有表现出恐惧，就可以缩短距离，增加待在同一个房间里的时间，并在接下来的几天里逐步增加这种接触。例如：让猫咪们在监督下，连续几天在同一个房间里共处 15 分钟，之后的几天增加到 20 分钟，以此类推，持续 30 天或更久。试着每次以积极或至少是中性的事件结束它们的相处时光，例如猫保持平静，就给它们一些零食。随着时间的推移，就可以增加彼此的容忍度与能够和平相处的时间。最好在猫咪们的脑海中刻下记忆，就像《嘿，等一下》中描述的那样：每次我和另一只猫在一起，都不会发生什么坏事。更妙的是，上次我和它在一起时，还得到了一份零食！

　　猫之间的接触应该在你的监督下进行，这样你就能及时发现紧张局势或是打斗。一旦看到猫表现出任何即将进行攻击的迹象时，尤其是出现凝视、飞机耳、抽打尾巴等时，就立即将它们分开。如果看到猫向后退，则应减少它们未来几天的相处时间。

交换领地疗法

　　如果你能明显发现你的猫中一只是霸凌猫一只是受害猫，那它们的地位就太不平衡了。你可以通过将霸凌猫放在猫领地中不受欢迎的房间内，来帮助猫咪们恢复相对平衡的地位，这个房间不能是主卧、客厅或其他有它喜欢的东西的房间。如果它真是一个横行霸道的家伙，就让它只能在地面上活动，附近没有猫爬架或是可以跳上去的小架子。与此同时，把受害猫放在另外一个在猫领地内受欢迎的房间里，并确保有高处让它停留，比如说有猫爬架或者有它喜欢向外看的窗户，不过最好的地方还是你的膝盖。然后，在分开的情况下，每天和受害猫玩耍几次，建立它的自信心；也要和霸凌猫一起玩耍，帮助它释放攻击性和被压抑的能量。交换领地有助于受害猫变得更自信，并灭一灭霸凌猫的威风。在房间里放置挥发式信息素也有帮助。猫和人一样，会倾向于做出符合自己心中的个人地位的行为。霸凌猫可能会开始相信受害猫不可能如此容易被欺负，受害猫也会这么想。受害猫的身体姿势甚至会随着它的新观念而改变。

如果没有明显的霸凌猫，那就试着保持两只猫领地的面积和受欢迎程度大致相等，并至少每隔一天交换一次。每天都和它们一起玩耍，注意是分别陪它们玩。

针对恐惧情绪

重归于好

如果你的猫对家里的另一只猫有严重的恐惧情绪，那么就需要使用第四章中重归于好的方法。

药物治疗

在兽医的配合下，你可以尝试药物治疗。如果一只猫很明显是霸凌猫，另一只是受害猫，兽医可以临时开具丁螺环酮，它可以降低焦虑，增强受害猫的信心。受害猫可能会停止躲藏，开始站在地面上。它甚至可以追捕侵略者！所有这些都可以用来纠正严重不平衡的猫咪社会关系。但它应该是纠正行为计划的一部分，而不是单独使用。

针对恐惧性攻击

识别并消除触发因素

如果可能的话，阻止恐惧性攻击的最好方法是消除或避免碰到引起恐惧的刺激因素。例如，如果你的猫害怕狗，那就不要让它接触到狗。如果家里有只狗，不论是自家的还是客人带来的，都把它和你的猫分开，直到你准备好请来一个行为学家帮助你重新介绍彼此。本章前面讲述重定向攻击和领地性攻击的部分讨论了如何去除触发因素（比如外面的野猫），但移除全部恐惧触发因素很难，而帮助猫咪们建立积极的联系可能是一个更好的长期策略。

脱敏，并建立积极的联系

例如，如果你的猫不喜欢有客人来，那就邀请一个或多个爱猫的朋友定期来访。让客人脱了鞋，缓慢而安静地进门，尽量减少噪声和骚动。把猫提前放在你和客人会进入的房间，最好不要让客人和它有眼神接触。然后让客人坐下，最好是坐在地板上，或者坐在沙发、椅子上（越低越好）。让客人尽可能远离猫，以保持它的平静。当你的猫放松下来时，它会自己靠近你们。如果猫看向或接近了客人，可以温柔地对它说话，给它一些小零食。接下来，让客人分给它很多小零食，比猫从你那得到的更多。如果猫没有靠近你们，可以让客人轻轻扔一个小零食，或挥舞逗猫棒来提高猫的情绪。

在客人多次来访的过程中，可以在喂猫时让客人也安静地坐在这个房间。如果猫正常进食，没有表现得被激怒，下次可以让客人走近一些，猫也可能会自己靠近客人。当猫和客人的距离足够近时，可以让客人用逗猫棒陪它玩。

注意猫发起攻击的迹象，并尝试在一切进展顺利时结束这些训练。当然，这一切都需要时间和耐心。猫很聪明，它会产生你想要的积极联系：这些客人很可靠，我想我不会咬他们。

激进的脱敏方式

冲击疗法是一种让动物暴露在过量的恐惧源面前的方法。

冲击疗法对任何动物都有风险，任何情况我都不建议在猫身上尝试。

让逃跑变得轻松且安全

猫可以通过逃跑释放与打斗同等的压力，所以，为了让它更愿意选择逃跑而不是战斗，给它们放置猫爬架或是提供其他可以逃到高处的物件，让它们可以远离触发恐惧情绪的因素。还要放置一些隧道、空盒子和家具，让它可以藏在里面或底下。如果有安全的地方可以让猫撤退，那它的恐惧程度可能会下降，从而变得更加放松。

想象一下：一个蹒跚学步的孩子挥舞着一把黄色的塑料铲走进房间，你的猫看到猫爬架就在附近，随即冲向架子顶端，现在它平静地坐在猫爬架上，相信自己是安全的。但如果它只能在地板上，被这个孩子逼到角落里，没有逃生路线或安全的藏身之处，它可能会表现得更恐惧，或者说，更具攻击性。地板上的空盒子可以作为缓冲区，让猫在其中观察周围的事态。

诱导猫做出新的行为

和它们玩耍

与你的猫玩耍有助于改善它们的情绪状态。如果它们之间的局势很紧张，或者已经开始打架了，那么在你把它们重新聚在一起之前，不论是把它们分开时，还是让它们在一起的这几个时间点上，都要和它们一起玩，这样它们就会将团聚与快乐建立联系，并用积极的态度结束相聚的时光。

保持群体气味

使用第四章介绍的互相揉蹭或梳毛的方法来帮助猫咪们保持一种群体气味，从而可以减少甚至消除猫之间的敌意，促进亲和的行为发生。

当它们表现得冷静时给予奖励

在猫表现得平静放松时，表扬它们，并给予食物或零食。用响片训练（参见附录Ａ）来鼓励积极或中立的行为，例如它们表现得平静、不打架、睡在一起等。

改造领地

猫的野猫祖先不必与它们的同类分享食物、排泄区或休息区，它们也一点不喜欢这么做。你的猫拍打地面、发出嘶嘶声和打架这些行为来自它们祖先的遗传基因，并且只有当你把它们和它们的资源挤在一个屋檐下时，这种遗传特征才会被放大。正如我前面提到的，与家猫相比，野猫、室外猫打架的次数少得多。一个屋檐下的猫越多，产生分歧的可能性就越大。

在纠正领地性攻击方面，改造猫的领地至关重要。在家里，猫咪们发生领地性攻击的唯一原因是对重要资源的争夺。再说一次，这种竞争可能是极为微妙的，甚至于就在你眼皮底下发生你却发现不了。

完整地执行第五章的建议，创造大量的垂直空间，并在家中放置和添加更多的抓挠用具、食物、水、猫砂盆、环境丰容用具和益智食盆等。另外，一定要放置信息素，并通过人工方法保持猫的群体气味（见第四章）。

领地性攻击和猫与猫之间的攻击的应对

创建缓冲区

你可能会注意到，在家里的某些区域，比如走廊、楼梯和门口等让猫一旦碰面就不得不靠得很近的地方，经常能看到猫咪们打架和恐吓对方。如果一只猫因为感到走投无路，找不到逃跑路线而感到恐惧，它的肢体语言可能会发出不确定的信息，而另一只猫可能会抓住这个信息来恐吓它。当两只猫都试图在窗台上闲逛，盯着后院的小鸟时，或当它们听到罐头被打开的声音、食物在袋子里咔咔作响后，一起跑向厨房时，都可能会制造一种紧张局势。在这样的时间和地点，在猫之间建立一个缓冲区有助于维持和平。

在走廊中央设置缓冲区，以便猫在其周围活动时，可以让它们避开彼此，从而避免争吵。缓冲物品包括猫隧道、空盒子，甚至猫玩具。我有一个客户曾经在整条走廊的中间贴了一条蓝色油漆胶带，结果当他的猫们同时穿过走廊时，会各自走在胶带的一边。与所有的有效缓冲一样，这让它们的战斗和紧张局势大大减少。

如果以上方法都失败了……

如果这个C.A.T.计划没有解决猫与猫之间的攻击行为，而且你又非常有耐心，那么可能需要做以下一些努力：重新介绍你的猫给彼此，带猫去看兽医并通过药物治疗行为问题，咨询猫行为学家。

抚摸引起的攻击行为

这是一种非常常见的攻击行为，当你坐在沙发上，猫来找你要求抚摸。

"喵，喵。"

哦，多可爱啊。让我摸摸你。

呼噜声。

你喜欢这样吗，猫咪？你肯定喜欢，是吧？

呼噜声。

你真的很喜欢这样，我看得出来！

突然安静。

噢！

现在你手上出现了红色的小伤口，并且感情也受到了伤害。刚才发生了什么？这种突然袭击可能源于以下几个因素。

· **过度刺激**　猫天生对抚摸非常敏感，你的过度抚摸可能刺激了它。猫的触觉感受器可以让信号在大脑中交叉，从而使快乐的感觉变成了痛苦。

· **不受欢迎的抚摸方式**　许多猫不喜欢被人轻拍或抚摸身体侧面、下背部和尾巴附近，可能只会忍受很短的时间。仔细想想，对猫来说，抚摸身体并不是一种自然的活动，它们互相梳毛时主要集中在头部和颈部。

· **社会化不当**　如果你的猫在幼年时没有经常被抚摸，或者对人类的手有过不愉快的印象，例如惩罚性的击打，那么你的手可能也会不受它的欢迎，或者只受到短暂的欢迎。

· **感到受限或困惑**　当一只猫坐在你的膝盖上并允许你抚摸它时，它实际上把自己置于了一个非常脆弱的位置。当你抚摸猫时，它可能会变得非常放松，迷迷糊糊地感受着周围的环境，但如果世界在它眼前突然重新聚焦，它可能会感到不知所措或受到束缚，此时会引起或战或逃反应，它就可能咬人，而不是玩耍。

在一些猫中，抚摸引起的攻击可能与疼痛引起的攻击或所谓刺激性攻击重叠，甚至与地位相关的攻击重叠。

地位相关的攻击行为

猫有着强烈的控制欲，这也是它们魅力的一部分。

—— 才华横溢的网友

别烦我！要么就由我来决定你什么时候可以触摸我，什么时候必须停下！

就像抚摸引起的攻击一样，行为学家所说的地位相关攻击是针对人类的，通常是猫选择某个特定人。这只猫可能会跟踪他，专横地盯着他，挡住他的路，甚至发出嘶嘶声或低吼，或者在人试图抚摸、抱起它时咬他，这都是出于猫的控制欲。这种攻击可能是无缘无故的，也可能在猫被抚摸或感到领地被侵犯时出现。

针对抚摸引起的攻击和地位相关的攻击的 C.A.T. 计划

终止问题行为

避免

如果猫在被抚摸的过程中表现出攻击性，那就试着只抚摸它的头部，看看它的行为是否有所改善。如果你的猫面对着你，确保不要与它有持续的眼神接触，猫经常把目光接触视为威胁。

预防

注意以下列举的身体信号，当看到猫发出攻击信号时，就立刻停止你的抚摸。如果等到它试图咬你后才把手挪开，就会让它觉得咬人是有用的，并会强化这一行为，你做了它想要你做的事情：把手拿开。因此尽量不要做出强烈的反应，当然，不把手挪开就会被咬，所以最好做好准备，一旦看到预警信号，就停止抚摸。也要注意猫准备做出地位相关攻击的信号，包括：

- 尾巴抽搐或拍打
- 皮肤开始抽动
- 身体突然看起来或感觉紧绷或静止，头部可能会伏低
- 变换身体姿势
- 停止发出呼噜声
- 低吼
- 耳朵向后转
- 瞳孔放大
- 胡须向前转，呈扇形散开
- 轻轻地抓你正抚摸它的手（或脚）
- 直直地盯着你（地位相关）
- 啃咬你的胳膊或腿（地位相关）

针对地位相关的攻击

在攻击人的猫脖子上戴一个有铃铛的项圈，这样就能提醒受害人猫大概在哪儿。在猫做出你不想看到的行为时，分散它的注意力或假扮上帝来打断它。如果你假扮上帝时选择使用水枪或罐装空气等方法，必须在猫做出问题行为的当时使用它，否则不起作用。

如果猫表现出地位相关的攻击迹象（低吼、凝视、啃咬），暂时不要抚摸或抱它。如果它在你腿上表现出这些迹象，站起来，让它轻轻地落在地板上，不要用手放它下来，否则可能会被咬。这种猫也会试图通过挡你的路来表达对你的不满，所以如果它试图在你经过时咬你或抓你，准备一个小水枪。你经过走廊时不要

只是简单地避开它，屈服于它的控制行为，否则就会强化这种行为，让它感觉可以轻易地控制你。为了进一步确立你的控制权，不要让它自由采食，而是由你亲自喂它，这样就能让它知道食物从哪里来，并且只在猫自己不要求食物时才喂它。

诱导猫做新的行为

除了避免和预防抚摸引起的攻击，还可以提高猫的被抚摸阈值。如果你每次都能小心地在猫表现出焦虑的身体信号之前结束抚摸，它将慢慢相信你知道它被抚摸的极限，并越来越适应你的抚摸。因此，如果你知道通常在你的猫咬人或者呈现飞机耳之前可以抚摸它 30 秒，那么接下来几次抚摸它的时候只持续 20 秒，并且如果它保持了冷静，就给它一些小零食作为奖励。这将进一步帮助它将爱抚与积极的事情联系起来。随着时间的推移，就能增加抚摸它的时间，猫会开始享受被抚摸（和小零食），而不是总焦虑你会不会抚摸得太过。一定记住，只摸猫喜欢被摸的地方。

被猫当作攻击目标的人可以使用响片训练（见附录 A），让猫学会一些行为并获得奖励，来促进你希望看到它重复做的行为——例如当它允许被攻击者从它身边走过或抚摸它，且不像往常那样发起攻击时——并且让它承认人类是拥有控制权的一方。还可以由被当作攻击目标的人来分发猫的食物，以便让猫与他建立积极的联系，并记住它的食物来自何处。还建议被攻击目标常常与猫一起玩耍，并在玩耍后给它喂食。换句话说，让被攻击的目标成为猫食物和娱乐的来源。

改造环境

在家中使用信息素来帮助安抚你的猫。自然疗法和花瓣精油也能让它平静下来，追求地位的猫还需要足够的玩具和其他消遣来让它消耗精力。

　　要有耐心，不断调整你的期望。猫可以感觉到你的沮丧，这会让它也一起不开心，进一步拖延进度。这会是一个很长的过程，有些猫可能永远——或者至少很长时间——没法学会享受被抚摸或坐在主人腿上的乐趣。

　　在多猫家庭中，猫与猫之间的攻击行为，无论是潜在的还是直接的战斗，都是导致乱撒尿、乱排便和留下尿液标记的常见原因。现在，你已经了解猫咪们之间的紧张关系和攻击性，下一章我们将讨论猫在表现出威胁和攻击性时偶尔会出现的一个现象：在猫砂盆外排泄。

Chapter.

⑧

第八章

便便舞会：
资源竞争、领地冲突及猫的焦虑

在这里大家都不清醒。

——《爱丽丝梦游仙境》

能够跳出原有框架进行思考是一种令人钦佩的特质，至少人类这样主张。但你一定不想看到，猫咪们突然从那些在公共场合随地小便的巴黎人那里得到灵感。（不夜城巴黎的爱好者们也许会很高兴得知：巴黎现在拥有一支由88人组成的精锐队伍，叫作"不良行为抓捕队"。）我认识一只暹罗猫，它会在任何有开口的地方小便：空的洗衣篮、厨房水槽、炉灶顶部的凹陷区域、装有狗玩具的篮子、壁炉旁的木箱，最后终于发展到主人的钱包；我还听说猫咪主人会在鞋子和咖啡杯里发现猫送出的糟糕礼物。我曾经处理过一个奇怪的案例，关于一个臭烘烘的烤面包机。

猫科动物有着将排泄物挖洞掩埋的本能（人们希望它们在猫砂盆里这么做），以至于小猫无须训练就会这么做。有人认为这种本能来自猫的野外祖先，欧洲野猫在北非的半荒漠地区生活了数千年。那里沙土丰富，很容易掩埋粪便和尿液。但你可能会好奇它们何必费力这么做。答案可能是卫生原因，也可能是因为它们需要减弱自己休息和睡觉区域的气味，以避免被捕食者发现。然而，与普遍的看法相反，猫其实并不总是掩埋它们的粪便，比如野猫，当它们的领地足够大，排泄物离休息和睡觉的区域非常远的时候，它们几乎不会这么做。

一些家猫应该开设家政服务：它们不仅会掩埋自己的粪便，还会掩埋猫砂盆里任何能看到的粪便。在家猫身上看到这种行为是合理的，因为长期以来，人们更愿意让讲卫生的猫进入家门，会掩埋粪便的猫因此可能更容易被人们收养。

不必要的悲剧

糟糕的排泄行为是一种严重但可以预防的行为问题。一些专家估计，有行为问题的猫中有40%~75%存在排泄问题。这是养猫人的头等烦恼，也是每年数百万只猫被送到收容所，甚至被实施安乐死的主要原因。

主人们为这种行为问题寻求帮助至关重要，不管你信或不信，这虽然是最令人痛苦的问题之一，但同时也是最容易解决的问题之一。

导致此行为问题的大多数环境问题都很明显，根据本章提供的建议，你将能够自行对环境做出改造从而解决这个问题。这些年来，我解决了上千只猫在猫砂盆外排泄的问题。在我作为猫行为学家工作的前期，我认为要提供帮助，必须先看到猫、它的主人、猫砂盆的位置以及错误排泄的地点。但随着时间的推移，我对向客户提出问题的话术进行了微调，并完善了我的行为矫正技术，这样，我几乎总能在无须现场探访的情况下，就可以让猫重新使用猫砂盆。现在，我进一步完善了我的方法，按照我的方法，在大多数情况下，你既不需要猫行为学家上门，也不需要单独咨询他们就能解决这个问题。在这一章中，我们可以重新培训猫的主人，让他们为了猫的幸福做出改变。然后他们就可以坐在旁边，看着猫做它本该做的事。

在猫砂盆外排便

案例 1：约姆

我们来看看这只猫，曾经在外流浪，如果不是被特别有爱心的主人收养，它本没什么机会能够待在室内。

问题：持续四年在猫砂盆外排便

主人斯特凡对此的描述如下（摘自一份冗长的问卷）：

> 我在 2004 年收养了约姆，2005 年它开始在猫砂盆外排便，后来又在客厅的地毯上排便。在那之后的某个时间，它养成了在房子里跑来跑去，边跑边甩粪便的习惯。它还会在浴室的绒毛垫子上排便，然后把垫子翻过来。奇怪的是，它会在猫砂盆里正常排尿。兽医说它没有疾病。

我试过在屋内四处喷洒信息素，以防这个问题与压力有关，我每周至少清理猫砂盆三次，但都没什么用。

咨询

当看到约姆、斯特凡和他们在西雅图的公寓时，我能立刻感觉到斯特凡很爱他的猫，并尽最大努力为约姆创造了一个良好的环境。约姆是一只五岁的灰白相间的波斯猫，拥有人类和猫知道的几乎所有猫玩具，家里到处都是不同大小的猫爬架，猫用的小座位放在窗户上，约姆能最大程度地享受观鸟的乐趣。在斯特凡的大屏幕电视上，他甚至用心良苦地播放着一段专门为猫制作的鸟类视频。斯特凡非常喜欢鞋子，公寓看起来像大减价时的鞋店，鞋盒沿着公寓的每一面墙排列，并以奇怪的角度毫无规律地摆在家中许多地方，像巨石阵一样。我后来了解到，斯特凡将这些鞋盒作为阻止约姆去往错误排便地点的屏障，因为他认为这样可能会降低约姆再次去同一地点排便的可能性，就像猫科动物习惯做的那样。

约姆是只非常友好的猫。我一走进斯特凡的门厅，它就蹭了蹭我，用它的气味标记了我，并发出呼噜声。然后它径直跑到它的一个猫爬架前，对着挂在上面的毛毛球打了一拳，然后悄悄地回头看了我一眼，好像它以为我是向来贴心的斯特凡今天为它安排的玩伴。

"我给了约姆一只猫想要的一切，"斯特凡这么说，"我没有孩子，就只有它。这是一生的承诺，所以我可以继续忍受它在家里到处乱拉 14 年。"他停顿了一下，"当然，我不想真的这样。"

斯特凡补充道："如果有一天我想结婚呢？谁会愿意和到处乱拉的猫住在一起？"

"你说的有道理，"我说，"我比大多数婚姻顾问能更好地解决因为配偶不喜欢四处排便的猫引起的婚姻问题。"

"好吧，先来问你几个问题，"我继续说，"我总是喜欢先排除任何可能的疾病原因。你有没有带约姆去兽医那里看看它的行为问题是否有疾病原因？"

"有过，在它一岁以前，有时大便会很干、很硬，它好几天都无法排便。但是兽医建议我在干粮之外也饲喂湿粮，所以现在它大便看起来很正常，隔天排便一次。兽医还开了一种粪便软化剂，以防万一。"

"他有没有提出其他解决问题的建议？"

"当饮食的改变和大便软化剂都对乱排便没有帮助时，兽医认为它的乱排便问题是纯粹的行为问题。有一段时间他给它开了抗抑郁药，但也没有效果，而且如果没有必要的话，我真的不喜欢让猫吃药。"

我转向那只猫。"你是怎么想的呢，约姆？"

它耸耸肩。嗯……

> 很久以前我在猫砂盆里拉屁屁，我感觉，啊，那太疼了，我不想再去那里了，那个让我疼痛的地方，然后，我试着在那边的地毯上拉屁屁，那也很痛，就像我用猫砂盆时一样，所以我一直跑来跑去找地方，直到真的不疼了，所以我就一直在猫砂盆外面拉，但我一直在猫砂盆里尿尿，因为在那尿从来都不疼。

"我想我至少了解了问题的很大一部分，"我告诉斯特凡，"约姆的行为有一个确切的原因，也许还结合了两到三个其他原因。我需要知道的另一件事是，它有没有在猫砂盆旁边排便过？"

他想了一会儿，在脑海里回忆着他的猫排便过的每个位置。

"它过去经常这样做，我想它现在每周还是会这样做几次。"

"好吧，这可能意味着猫砂盆太脏了。你提到你每周清洁猫砂盆三次，但这是不够的。家里至少应该有两个猫砂盆。至于其他原因，让我来解释一下……"

诊断：排便时的疼痛、习惯性等

"首先，现在下结论说约姆的问题没有任何疾病原因还为时过早。大便干燥会让猫在排便时感到不舒服，甚至可能会感到疼痛。如果几天都没有看到它排便，那可能是因为约姆便秘了。便秘是大便干硬的常见结果：排便的痛苦感受让猫宁愿憋着。更糟糕的是，它憋的时间越长，就越难以把便便排出来。便秘会导致乱排便问题。"

斯特凡看起来有点怀疑："即使它不再便秘？"。

"是的，因为约姆在猫砂盆里排便时感到的疼痛可能会让它将猫砂盆与疼痛联系起来，从而使它养成在猫砂盆外排便的习惯。你描述它在房子里滴着粪便四处跑，我感觉那就像是在逃避疼痛或是说逃避猫砂盆，因为它认为猫砂盆本身造成了它在里面排便时的疼痛。"

所以约姆曾经有过一个疾病问题，这是导致其排便问题的最初原因，现在很可能已经变成了一种行为习惯，而一个脏脏的猫砂盆对此毫无帮助。即使现在疾病问题已得到解决，但错误的排便习惯一旦养成，往往就会继续下去，哪怕最初形成这种习惯的原因已经不复存在了。然而，鉴于约姆现在只是隔天排便一次，我觉得它可能仍然存在便秘或者大便干硬的问题。在正常情况下，动物每天至少会排便一次。野猫每天平均排便三次，甚至可以高达五次，但饲喂新型的浓缩食物可能会将猫排便的频率减少至一天不到一次。[1] 我建议斯特凡再带约姆去看一次兽医，他后来也证实了我的猜想，并给了斯特凡新的饲喂建议，告诉他如何增加约姆大便的水分含量，从而缓解它的便秘问题。

不过，我不需要等待斯特凡咨询兽医的结果。在查看了他填写的详细问卷，并与他交谈了大约一个小时后，我就掌握了改变约姆行为的C.A.T.计划需要的所有信息，这个计划请见本章后面部分。为了简洁明了地直奔主题，我在这里省略了向斯特凡提出的大部分问题，但我会在下一节中解决其中一个。

医学预警

任何形态不正常的大便，无论是硬便、软便还是稀便，都可能是猫在猫砂盆外排便的起始原因。腹泻的猫甚至可能没法忍到冲进猫砂盆里，它选择用地毯作为替代，发现也还不错——就这样，它养成了在新的位置排便并掩埋的习惯，或者是偏好。

排便受阻或是肛门腺过度饱满带来的疼痛会使猫更长时间憋着粪便。有些猫在排便时表现出焦虑和害怕，作为恐惧反应的一部分，它们的瞳孔会扩大，尾巴可能会紧张地抽动。有些猫甚至会对着它们的猫砂盆咆哮。当猫与猫之间由领地性引起的紧张关系体现在猫砂盆上时，也可能成为猫不排便的原因：地位较低的猫可能会避开猫砂盆，憋着不去排便。憋大便可能同时是大便干燥的结果和原因，而排出干燥的大便是非常痛苦的。

如果肛门腺蓄积或堵塞，就需要让兽医帮忙挤肛门腺，你可能需要让猫接受一段时间的特殊饮食计划（咨询兽医）。根据我的经验，大约一半的错误排便行为最初是由干硬的粪便、腹泻、便秘或肛门腺问题引起的。但是，当疾病或其他问题解决后，猫可能已经习惯了在其他地方排便，并且形成了和在猫砂盆里排便的负面联系，因此需要进行行为治疗。

你有没有见过猫的"便便舞会"？

排便不当的客观原因并不限于疾病问题。对于约姆这样的中长毛猫，一个常见问题是粪便会粘在它们后腿、尾巴下面和周围长而柔软的毛上。当这类猫太久没修剪毛，或者在排便过程中没能找到正确的位置时，粪球可能就会粘在毛上，你可能会看到猫跳着一曲愤怒的弗拉门戈，手忙脚乱地冲来冲去，试图摆脱它不想要的"舞伴"。虽然约姆没有出现这种情况，但这在波斯猫和各种家养长毛猫中并不少见。有一位客户曾告诉我，她的橘白斑纹波斯猫"像一块橙色的奶油糖一样在屋子里乱窜，身上还挂着一坨'小怪兽'"。她的丈夫在清理了小家伙冲进水池带来的一团乱麻后，有着不同的形容。这种"便便舞会"对挑剔的猫朋友（以及它们的主人）来说可能是一件可怕的事情，而备受折磨的猫可能会把一切都归咎于猫砂盆，在它们看来，一切麻烦都是从那里开始的。有时，与猫砂盆的不良联系也会让猫在家里乱撒尿。

我建议将猫后腿及其周围的毛发剪短，以防止出现这种问题，并且最好让专业美容师、兽医或兽医技师来做这项工作。没有正确引导不要尝试自己修剪它的毛发，否则你可能会割伤猫的皮肤，在那之后它可能再也不会允许你给它修剪毛发或者剃毛。

是令人抓狂的粪便标记，还是只是错误位置的便便？

有时，大便有着更多含义。家里走道周围、沙发上或其他高处留下的粪便可能是猫用来划定领地的一种标记。这种行为被称为"粪便标记"，通常只在猫进入社会成熟期时才出现，其和单纯排便的关系与喷尿和单纯排尿的关系一样。粪便标记这一词语来源于一个少有人知的英语单词，其起源是古挪威人的粪堆一词。

如果你在搜索引擎里输入"粪便标记"（middening），它会疯狂地试图纠正你的拼写，"您搜索的是'令人抓狂'（maddening）一词吗？"当然不是。搜索引擎认为你不会拼写，因此很难给出有关粪便标记的信息或事件，这也印证了粪便标记是多么少见，至少在家养猫中是如此（自由生活在室外的猫会用一半的时间进行粪便标记，但这在家猫中非常罕见）。无论怎样，粪便标记发生在家中时，可就是让人抓狂的事了。

更具统治力或自信心的猫可能会通过粪便标记来宣示领地主权，而不太自信或焦虑的猫则可能在猫主人的东西上进行粪便标记，以便将它和人的气味混合到一起，从而缓解焦虑。后者也称为联合标记，我将在下一章中讨论更为常见的尿液联合标记。

粪便标记不仅是一种远远就能看到的强烈视觉信号，而且由于粪便表面难闻的肛门腺分泌物，它同时也是一种非常强烈的嗅觉信号。因为进行粪便标记的猫试图传递信息（这也称为"竞争"），它们通常会将粪便排在非常显眼的位置，比如在走廊或猫经常走的小路上，通向屋外的门口，或猫最喜欢的房间门口，或高处的位置，或其他猫觉得需要竞争的重要位置。这样家里的其他猫就不会轻易地错过。在非刻意标记的情况下，猫也可能在以上提到的重要位置排便，但单纯的排便通常发生在不太重要的位置，如餐厅的角落等。通常，粪便标记会发生在远离领地的核心区域，比如进食区和小猫床等位置。但是，一只占支配地位的猫想要威慑其他猫时甚至可能在猫砂盆或食盆正前方做出粪便标记。

如果你在地板上发现猫用衣服或者床单掩盖了粪便，或者在它留下粪便的地毯上看到爪印，那就说明它在试图掩埋粪便。如果猫是为了标记而留下粪便，它们就不会试图盖住它，而是想让这种标记被看到。尽管如此，也有些猫就是不掩埋粪便，即使它们没打算做什么标记。因此，当你在前门发现一坨没有被掩埋的粪便时，很难确定你的猫的意图是什么。

就约姆而言，尽管它在家里可见的地方排便，也可以排除粪便标记的可能性。因为约姆是家里唯一的猫，住在四楼的公寓里也不会看到别的猫和它竞争，而且它在一岁时，即距离进入社会成熟期还有一年时就开始在猫砂盆外排便了。此外，它的大便干结还表明排便时可能会疼痛。所有这些因素使得它的行为不太可能是一种领地标记，事实也是如此，因为它试图用浴室的毛绒毯子盖住粪便。

总而言之，分辨你的猫是在做粪便标记还是单纯的排便可能很难。不过幸运的是，针对错误排便行为的C.A.T.计划并不需要区分这两种情况，它对两者都适用（不过，如果猫在家里做出粪便标记，还是需要在下一章中学习一些其他方法，以解决猫生活中可能存在的压力，包括与其他猫竞争重要资源）。

接下来，让我们来看看错误排尿行为情况中的一个常见场景，并介绍针对不当排尿和排便问题的C.A.T.计划。

在猫砂盆外排尿

案例2：地下室的猫栖息地与其他人为错误
问题：多猫家庭，在家里多个区域排尿
主人弗兰齐斯卡对问题的描述如下（摘自一份冗长的调查问卷）：

> 糖豆、帕莎、纽特拉和海尔姆特（都在两到三岁之间）在95%的时间里相处得很好，它们都经过了兽医的彻底检查，没有任何疾病问题。
>
> 糖豆和帕莎在大约两岁时开始在猫砂盆外小便。在兽医的建议下，我尝试过增加猫砂盆的数量和使用不同的猫砂，但都没有解决问题。帮帮忙！再这样下去就要把糖豆和帕莎送到收容所了，但那会让我们心碎。

咨询

我和弗兰齐斯卡在她家中见了面。"嗨，"她对我说，"请进"，然后对门口的猫说："你给我进来！"我立刻感觉到弗兰齐斯卡在释放严重的压力信息。家中的一只猫在门口迎接我，发出喵喵的叫声，用它闪闪发光的绿眼睛看着我。

"这是糖豆，"弗兰齐斯卡叹了口气说，"总在外面尿的猫之一。""你有四只猫，怎么知道是哪只在犯错？"我这么问，是想确定她找到了真正的肇事者。

"我把它们分别隔离到主卧，观察一段时间，很容易就找到了肇事者。还有好几次我当场抓住糖豆和帕莎在乱尿。"

推理小说？

猫主人通常知道谁是肇事者，或者就像弗兰齐斯卡所做的那样，耐心等到下一次有猫这么做时抓它个现行。注意别把狗的尿迹也算到猫头上！当你始终无法确定是哪只猫在猫砂盆外排尿时，请兽医为你准备荧光素染料胶囊。一次只给一只猫吃这种胶囊，并确保不要让被调查的猫进入有别的猫或有家具的区域（这样，如果就是这只猫在到处乱尿，你的东西就不会被染色的尿液弄脏）。然后在晚上用紫外线扫查你的家——这对全家来说都是个很有趣的侦探游戏。如果光线照到的地方发出苹果绿色的荧光，你就知道是哪只猫在猫砂盆外排尿了。对每只猫都重复一遍，以确保你找出所有的捣乱猫。

你可能会在家里发现比预期更多的尿迹，记得要控制住别对猫发脾气。我的一些客户曾说，在使用紫外线寻找尿迹之前，他们会喝一杯葡萄酒稳定心情。

弗兰齐斯卡接着说："糖豆是最友好、最可爱的猫，但它也知道自己什么时候做了坏事。如果我走进房间时，它刚好在那里小便，它就会带着愧疚的表情溜走。"

猫并不觉得排尿是一件坏事，但如果你在它们小便时对它们大喊大叫，它们就会知道在你周围小便不是什么好事儿。猫对羞耻这种情绪缺乏感知能力，因此也不会感到内疚。（我不是通过研究猫，而是通过观察我前夫了解到这一点的。）

我问起猫乱尿的地方，说起这些，弗兰齐斯卡还是很激动，她带我转了转双层住宅的第一层。我在这里并没有看到任何猫玩具、食盆或小猫床，能够证明这里确实养了猫的唯一迹象是干净的小黑猫糖豆，它在我走路时从我的腿间来回穿梭。

"哇，"弗兰齐斯卡看着它说，"它已经很久没这么玩过了。以前我每次下班回家，它都会这样玩。还可能让它重新喜欢上我吗？我真的很想念。"她倒吸了口气，指着沙发。

"看到了吗？"糖豆和我都僵住了，眼睛睁得大大的。"沙发上有一处新尿迹！"在弗兰齐斯卡愤怒的叫喊声中，糖豆飞奔上了楼。我能理解她想要爆发的心情。

教育猫时的错误手段：训斥

人们经常承认，说他们把猫的鼻子按在尿迹上过，或者打过猫。这就让猫建立了与主人，或是与被惩罚的位置的负面联系。这并没有解决问题。一只想要在排尿时避开主人的猫，可能会选择在比较隐蔽的地方排尿——最后也还是会被发现，或者因为害怕被责骂和殴打而选择憋尿。这对泌尿系统非常不健康，可能会引起疾病问题，而这些疾病问题又会引起错误的排尿行为。

"我保证可以让糖豆再次喜欢上你，"我说，"如果我们假设猫和人类一样有宽恕的概念，它们其实非常宽容，但你需要立即停止对它大喊大叫，这样的反应会吓坏它。而且我想你也发现了，这么做不但不起作用，还会让它把你与负面及恐惧的感觉联系起来，破坏你们之间的关系。"

弗兰齐斯卡表现出很愧疚的表情，但很快就恢复了正常。她说："我昨天刚打扫了这个地方，但又有猫在这里小便了。我想买一张新沙发，但恐怕也会被毁。"

我表示同意："在买新沙发之前，我们应该先改变猫的行为。"

她指着早餐角的桌子，茶托上整齐地排列着她收藏的英国茶杯。"有一次，我邀请婆婆来喝茶，我们走到餐桌边坐下时，我发现她杯子里有猫尿！糖豆甚至试图用花边小杯垫盖住它！"

我忍不住笑出声，弗兰齐斯卡也笑了起来。

"你怎么处理的呢？"我说。

"哎呀，我从婆婆鼻子底下把杯子一把抓走了！说我看见了一只苍蝇在里面。"

然后，弗兰齐斯卡带我进行了一次神秘之旅，展示了糖豆和帕莎尿过的其他地方。它们似乎偏爱卧室角落的地毯，然后是床和地板上的东西，比如杂志、塑料袋和纸张。"这些东西总是被翻得乱七八糟，到处都是划痕，地毯上的尿迹旁边也有抓痕。"她又一次提到了猫试图掩埋的动作，再加上它们选择排尿的位置，这些信息合在一起成了第一条线索，说明猫只是单纯地排尿，而不是在做标记。

之后我问弗兰齐斯卡猫砂盆在哪里。

"这边走！"她自豪地说，"我把地下室改造成了猫的栖息地。所有猫砂盆、玩具、食物和水都在那里。"

楼下是另一条线索，需要我下楼亲自观察。从地下室窗户照进来的光线很暗，弗兰齐斯卡必须打开灯，我们才能看到排列在一面墙下的五个猫砂盆。在那几英尺外放置了食盆和水盆，而地下室的其他地方到处都是猫爬架、小猫床、玩具、游戏垫，甚至还有猫隧道。

其他三只猫，纽特拉、帕莎和海尔姆特也在那里。隐约能看到海尔姆特坐在猫砂盆上方的猫爬架上，纽特拉懒洋洋地躺在矮凳上，而矮凳就横在地下室门到猫砂盆的中间。

"你在问卷里写道，你的猫在 95% 的时间里相处融洽，"我说，"那剩下的时间呢？"

"有的猫会对其他猫发出嘶嘶声或低吼，有的猫在追逐另一只猫时闹得太过，直到被追的猫感到烦躁不安。这些情况经常发生在通往地下室的楼梯上，但直到六个月前我才发现。"

在又询问了一些问题后，我已经足够了解情况了。如果你读过第三章和第五章相关章节，你可能已经发现了很多问题。

诊断：资源竞争、领地冲突、缺乏吸引力的排便区域等

弗兰齐斯卡的猫很可能因以下一些问题或所有问题而备受折磨，而其中任何一个问题都可能导致不当排尿。

· 一个由所有关键资源组成的猫栖息地——猫砂盆、食物、捕猎目标和其他玩具全都挤在一个房间里，这让猫之间形成了竞争关系；

· 猫咪们最近进入了社会成熟期（我拜访时，它们都在两岁到三岁之间），因此开始产生领地性行为；

· 通往关键资源的路径太少——只有一组楼梯通往地下室，而地下室内只有几条小路可以走，这些小路由纽特拉和海尔姆特严密守卫，显然它们是在威慑糖豆和帕莎，阻止这两只猫到猫砂盆里排尿；

· 猫砂盆之间离得太近，无法让猫把排便和排尿分开，而许多猫本能地想要分开这两件事；

· 猫砂盆和进食区离得太近，猫喜欢将进食与排泄的区域分开；

· 猫砂盆附近照明不足；

· 猫砂盆太脏，即使每天清洁一次，但有一些猫砂盆的使用频率可能更高；

此外，还有几个主要的潜在原因。

猫砂盆只有一个位置？但我想在这里小便，在那里大便

如果所有的猫砂盆都并列排在同一个位置，那猫就会觉得它们是一个猫砂盆。然后每只猫都会觉得这个资源非常有限，并会表现得更加具有领地意识。这种看起来只有一个猫砂盆的排列方式也可能与猫分开排便和排尿的本能冲突。

当然，我可以在这个猫砂盆里便便，但我要去哪里撒尿呢？哇，这张地毯看起来不错！

攻击性增强：由于资源过度竞争和分时段共享的难度增加引起的另一个后果

我知道其他猫对过度拥挤的猫栖息地感到不满意。像海尔姆特和纽特拉这样的强势猫可能会阻止帕莎和糖豆进入猫栖息地，因为它们不喜欢分享有限的资源。单一的猫栖息地实际上可能会增加猫的领地性行为。强迫猫咪们在同一个地方共享所有资源，也可能导致猫用尾巴拍打地面和发出嘶嘶叫，而弗兰齐斯卡不认为这是一个问题。如果她在 5% 的时间里观察到了猫之间的紧张局势，那就可以肯定，在剩余时间这种紧张局势也是存在的，只是对大部分猫主人来说这种局势太过微妙而无法被发现。帕莎和糖豆可能试图通过增加自己的领地资源来补救这种情况，比如在楼上自己找一个安全且有吸引力的排泄点（比如沙发，但那又让弗兰齐斯卡非常烦躁）。

威胁

像海尔姆特这样的猫可能会伏击其他猫，在它们接近重要资源时盯着并赶走它们。在弗兰齐斯卡的家里，去往重要资源的路只有一个入口和出口，那就是通往地下室的楼梯。下楼后，通往猫砂盆的路也很少，以至于海尔姆特和纽特拉可以非常有效地守着这些路。这大错特错。走廊、楼梯和狭窄的通道是强势猫保护资源和霸凌其他猫的首要有利位置。当猫进入社会成熟期时，开始从领地的角度看待所处环境，这些问题就可能开始出现。

你先请

当猫咪们相处融洽时，使用猫砂盆的顺序可能是先到先得，与支配地位无关。猫会坐很长时间，每只猫都在等待另一只先上。

猫 1：不，你上。

猫 2：不，你先上。

猫 1：我要在你后面上。

断趾术——厌恶猫砂盆的常见原因

幸运的是，斯特凡和弗兰齐斯卡的猫都有着完整的脚趾。在去爪或断趾后，猫的爪子会变得极度敏感，这种痛苦可能会持续终生。不难想到，这些猫无法忍受猫砂给敏感的爪子带来的痛苦，并开始在家中寻找更柔软、更光滑的表面来排便，然后这些尝试逐渐变成习惯。这些猫的爪子敏感到接触任何类型的猫砂都会疼痛，因此它们会建立与猫砂盆的负面联系，即使疼痛减退或消失后也是如此。另一个问题是，在断趾手术后，猫主人通常会被建议使用小纸球样的猫砂或是撕碎的报纸，而不是砂质的猫砂，从而避免猫砂进入猫脚上的手术切口并进一步伤害或感染猫爪。你可能觉得这会防止出现上述的疼痛问题，但是纸制猫砂很快就会被浸湿，而猫不喜欢这样。因此，这也可能成为猫厌恶猫砂盆，并在家里四处寻找新的排尿地点的另一个原因。我将在第十章更深入地讨论猫的断趾问题。

医学预警：有关排尿和排便

55%在猫砂盆外小便的猫有疾病问题。[2]在你采取行动解决由此产生的行为问题时，或在此之前，最好先解决这些疾病问题。并不是所有的疾病原因都能通过最基本的筛查发现，有时需要进行一次以上的尿液分析或其他检查诊断，才能揭示复杂的疾病原因，其中可能包括：

尿频[3]

- 泌尿系统结石
- 间质性膀胱炎
- 尿路感染

- 肾脏问题

在猫砂盆外排尿或排便

- 猫下泌尿道疾病（FLUTD）
- 猫免疫缺陷病毒（FIV）
- 猫泌尿系统综合征（FUS）
- 泌尿系统结石
- 泌尿道病毒感染
- 泌尿道真菌感染
- 特发性/间质性膀胱炎
- 尿道堵塞/结石/狭窄
- 遗传性/先天性下泌尿道疾病
- 肿瘤（癌性生长）
- 炎性肠病（IBD）
- 结肠炎
- 贾第鞭毛虫或其他肠道寄生虫
- 泌尿道细菌感染
- 稀便或异味便（可能由贾第鞭毛虫病、炎性肠病或许多其他疾病引起的症状）
- 息肉或其他结肠问题
- 关节炎和关节问题
- 隐匿性腹痛或直肠痛、与排便相关的其他疼痛
- 多尿（如肾病、糖尿病）
- 甲状腺功能亢进（一种导致甲状腺激素分泌过量的甲状腺肿瘤）
- 肾/膀胱结石或肾脏大小异常

导致乱排尿的最常见健康问题是结晶尿、隐匿性细菌感染和间质性膀胱炎。我见过很多猫的尿液中都存在结晶。尿液结晶总是时隐时现（通常因应激而出现），不是每次尿液测试都能发现，因此建议常带你的猫去兽医那里检测尿液，以排除结晶尿的可能性。

针对不当排泄行为的C.A.T.计划

此C.A.T.计划可适用于排泄问题。我将用斯特凡和他到处乱拉的猫约姆，以及弗兰齐斯卡和她吵吵闹闹、到处乱尿的小猫们的案例来进行解释。在这个计划中，你必须同时做好终止（C）、诱导（A）和改造（T）这几项工作，所以在开始之前请先阅读整个计划。

终止不愿见到的行为

便秘和干便通常是导致乱排便问题的原因，因此注意检查猫的大便。如果你拿一张纸巾去捏新鲜大便，而纸巾没有粘在大便上，这表明大便可能太硬了。大便硬得像石头一样，以至于它们是球状的或几小截，而不是长条状的。如果你想改善猫大便的硬度，可以在日常饲喂猫的罐头食品中加入一些水，使其成为糊状混合物，从而增加猫饮食中的水分。

改变饮食

如果你现在只给猫喂干粮，可以考虑在它的饮食中添加湿粮。但是在改变饮食之前，应该先咨询兽医，他可能会推荐其他方法来软化大便，或帮助猫规律排便。

增加水分

你可以通过放置专门为猫设计的过滤水喷泉来吸引猫喝更多的水，将水盆与食盆分开放置也可以使水更具吸引力。出于本能，猫喜欢喝新鲜的水，而不是被"死掉的猎物"菌群污染的水。你从商店里买的猫粮对猫来说就是"死掉的猎物"，因此生存本能可能会让它更喜欢从你的水杯或水槽里喝水，而不是从挨着食盆的水盆里喝水。

处理、封锁被污染的区域并建立新联系

为了阻止你的猫一直在同一个地方排泄并把那里弄脏，我们需要让猫不再想在那里排泄。这涉及一个同时进行的多步骤转换过程。

第一步：清理事发现场。

没有什么比残留的尿液或粪便气味能更快地破坏我的C.A.T.计划了。为什么呢？当猫闻到尿液或粪便的气味时，就等于给了它一个信息：这是一个可以排泄的地方。猫在同一个地方排泄的次数越多，这种习惯就越根深蒂固，甚至对这个新的排泄位置产生偏好。

这和你能不能闻到没有关系。猫能闻到人的鼻子闻不到的东西，虽然猫的鼻子不如狗的敏感，但它的敏感度至少是人类的一百倍。[4] 因此，只要是猫曾排泄过的位置，无论你是否能闻到气味，都应该用清洁剂进行彻底清理。你清理得越及时，猫将该区域和排泄行为联系在一起的可能性就越小，其他的猫找到这个位置并同样在此处排泄的可能性也越小。

要去除所有粪便尿液气味，建议使用含酶清洁剂或异味中和剂来清洁污染区域。为了达到最佳效果，不要浪费时间选择任何宠物店的清洁剂，或是自制的混合液。经过一次次实践，我发现

彻底去除异味是个严肃的化学问题。绝对不要使用气味强烈的清洁剂，如漂白剂或氨水，它们会产生更刺激的新气味，可能促使你的猫再到此处小便（更何况氨还是尿液里的一种成分）。

如果猫可能不只是简单地排尿，而是在用尿液标记领地，请参阅第九章更多相关内容，确保你没有搞错问题。

区分单纯排尿和尿液标记
——看它是否掩埋

通常情况下，你可以通过观察猫小便后是否掩埋来判断它是单纯地在小便还是在用尿液做标记。猫排尿前后用爪子抓排尿处，随后"用物品遮挡尿迹并掩盖气味"是它小便时的一种习惯。若你看见地毯、沙发等处的抓痕，或是用于遮挡尿迹的衣服、纸张，这些都是猫小便后的掩埋行为。

然而，如果你的猫没有掩埋尿迹，让其留在谁都能看到的地方，它也可能只是没有掩埋的习惯，而不一定是在做尿液标记。因为有些猫没有养成良好的掩埋习惯，即使在猫砂盆内也不会这么做。还有一些猫虽然有掩埋习惯，但排尿时周围没有合适的掩埋物，因此它们也不会进行掩埋。尽管有这些例外，但通常情况下，掩埋和不掩埋可以帮助你区分到底是小便（非标记行为）还是标记行为。

还有一种观察方法可以区分尿液标记和小便，但需要你直接观察猫的排尿动作：猫做标记前会闻一闻标记处，或是在标记后直接走开，或者两者皆有。而只排尿的猫恰恰相反，它们不会提前闻排尿的位置，但是可能会在掩埋小便后闻气味，以确保自己的掩埋工作没有疏漏。

如果你的地毯被尿液反复弄脏，你可能需要强力的清洁方法，把含酶清洁剂注入地毯深处以全面清洁。情况严重时，你可能需要更换地毯，或是给地板涂上保护层。

第二步：如果被污染的区域较多，可能得暂时限制猫的活动区域，以便有机会清洁场地。

你需要让猫把所有污染区和与排泄相斥的那些本能联系起来（第三步中所述），这是我非常宝贵的经验。但是，这种联系重建需要一定时间，需要先清洗并等待清洁剂干燥才能够开始下一步。如果污染区域较多，你不可能同时在所有区域进行重建联系这一步。因此需要让猫暂时进不去其他场地，或对其他场地不感兴趣，比如说设置一些障碍物。虽然很少有客户喜欢用障碍物，但这是一种能够有效避免猫进入该地点的临时方法。可以使用的障碍物或对猫有轻微威慑的物品包括：

- *塑料防水布*

- *铝箔纸*

- *家具或其他大件物品*

- *较大型的猫抓柱或猫抓板*

用于保护家具的障碍物，可以考虑：

- *一个大的塑料罩布（从油漆用品店购买），确保它足够厚，猫不能轻易咬破*

- *一个适合的防水床垫罩，保护床单、毯子、枕头和其他床上用品*

- *一张很厚的乙烯布*

小贴士：阻止猫在浴缸或水槽中小便的方法

在水槽或浴缸里装几厘米深的水，持续 30 天。对于淋浴隔间，在隔间的地上放置一个托盘或塑料容器，里面放上浸过水的毛巾或 3~5 厘米深的水。同时，如果你不介意在通往水槽和浴缸的路上长期放置一个猫砂盆，可以通过这种方式给你的猫一个替代地点来排尿，还应在这个猫砂盆内放置训练用猫砂至少 30 天。

请记住，临时设置障碍物不能直接纠正猫乱排尿的行为，猫通常只会另找一个地方排尿，特别是它不喜欢现有猫砂盆时。如果只是把障碍物留在原地，而不继续完成接下来建立新联系的步骤，实际上就阻止了猫将那个区域和排便/排尿以外的活动重新联系起来。只有训练猫学会使用猫砂盆并纠正它在非污染区排泄的行为意识，才能从根本上解决问题。

对传统建议的提醒

我不建议用会让猫生病的薄荷或有除臭剂味道的肥皂来让猫离开某个区域，它们可能有毒，甚至致命。我也不推荐使用不人道的防猫刺钉垫或仙人掌（我非常惊讶，现在还有人推荐它们）。

第三步：建立被污染区域的新联系——狩猎训练。

如果问你"在厨房睡觉"或是"在卫生间吃饭"的次数，我想大部分人的回答会是"从不"或者"很少"，因为这样做真的很奇怪。和人一样，猫也有"在合适的地方做合适的事情"这种概念。

猫往往不会在它们捕食和进食的区域进行与之冲突的排泄行为。这不仅不卫生，而且粪尿的强烈气味会让捕食者或竞争者察觉到它们的存在。即使是一只独自生活在曼哈顿摩天大楼里的猫，通常也会本能地遮盖自己的粪便和尿液。如果你帮助猫在它曾经弄脏的地方建立与狩猎有关的联系，其排泄的冲动就会输给其他的本能冲动，它也就不会在这个地方排泄了。

在我推荐的方法中，"将污染区与狩猎行为建立联系，将其转变为狩猎区"可能是最不为人知但最成功的方法之一。猫会很快记住某个区域是用来干什么的，并建立新的持久的联系。如果不建立新联系，乱排泄的问题可能很难解决。

对传统建议的提醒

你可能听到过"在污染区旁边放置新猫砂盆"的建议，但是我并不建议这样做，除非你不介意一直把猫砂盆放在那里。上文说到，猫具有场地联想的能力，将新猫砂盆放在被污染区，就是在强化你的猫做出这样的联想：这个地方就是用来尿尿的！

让猫将污染区联想为狩猎区的方法就是进行狩猎训练。准备好猎物，每天进行 2 次狩猎训练，用狩猎本能压倒在此处的排泄习惯。猫在此区域排泄后越早开始越好——24~48 小时内是最理想的（但在进行之前，首先要确保污染区已经彻底清洁且干燥）。

"狩猎序列"是指猫捕猎时会依次做出的一系列行为，可以通过人为帮助，使猫做出狩猎行为。具体内容可参见本书第五章，这里我只对狩猎序列做简要总结，并聚焦于解决随意排尿问题。

因为一天内和猫完成狩猎序列的时间和次数有限，所以如果污染区域过多，应该首先在污染最严重的区域进行训练。使用临时障碍物来封锁其他污染区（参见第二步）或关闭它们所在房间的门，彻底清洁整理后，尽快开始在该区域建立新联系的过程。

开始狩猎训练：首先，准备一根逗猫棒和一些猫喜欢的食物，带着你的猫去到已清理干净的污染区，然后让它完成整个狩猎序列，包括最终给它提供食物。在污染区提供食物，可以帮助猫重新建立此区域与狩猎进食有关的联系，减弱与之冲突的排泄行为。

如果此时猫因在污染区进食玩耍而感到紧张，更说明了进食和排泄这两种本能多么互斥。（当然，这还可能与它在这个地方因为排尿而受到过惩罚有关，这种情况下玩耍可以重建猫的自信。）你可以先在污染区域附近进行狩猎序列训练，再循序渐进到污染区内，给它一个适应的过程。

猫狩猎前不饿或狩猎后暂时没有食欲也没有关系，只需将食物留在污染区内，猫可能会再回去吃。如果它一直不吃，可以把食物移到离污染区 30 厘米左右的地方。每天进行 2 次狩猎训练，一般花费你 5~10 分钟的时间。虽然这会耽误你清理其他污染区，但是有助于猫重新建立正面联系，根治乱排泄的问题，因此还是十分必要的。

多个区域被污染时，为加快训练速度或给猫一个适应时间，可以尝试一个简单的方法：在纸盒子上放一些麦麸，然后把纸盒子分发到各个污染区内或附近。这可以增强猫在此区域进食的记忆，抑制排泄行为。

狩猎训练需要耐心和时间，可能需要几周的时间才能让猫的行为有所改善。如果你养了多只猫，建议一次只让一只猫进行训练，因为大多数猫都不喜欢在狩猎时还有别的猫在，这会增强它们的领地争夺意识。

现在，你已经在"消除猫在错误地方排泄的坏习惯"上取得了巨大的进步，但在让猫与污染区建立新联系时，也应该同时让猫重新爱上你给它准备的猫砂盆。记住，若二者没有同时开展，仅靠单一增加猫砂盆数量或更换猫砂，是无法让猫养成长期使用猫砂盆的习惯的，猫很有可能还会习惯性地在地毯、沙发等处小便。

诱导和训练猫重新使用猫砂盆！

在训练的过程中，你应该让你的猫砂盆变得更具吸引力。就像《教父》里维托·柯里昂所说，"给你的猫一个它无法拒绝的提议"。下面会概述正确排布猫砂盆资源的方法和纠正错误排尿行为的内容。

<h3 style="text-align:center">猫讨厌猫砂的表现</h3>

有以下表现时，可能表示猫不喜欢猫砂：猫砂十分干净，猫喜欢蹲在猫砂盆边缘排泄，在猫砂盆外面乱抓，不把爪子伸进猫砂盆里，不怎么挖洞和掩埋，抖爪子，在离猫砂盆几英尺远的地方排尿或排便，很快跑出猫砂盆。此外，在猫砂盆内或附近曾被另外一只猫猛扑或受到惊吓，也可能会让你的猫害怕使用猫砂盆。

数量足够

在重新训练猫使用猫砂盆的过程中，你需要准备的猫砂盆数量至少要比猫的数量多一个。有时候，我也会让我的客户将猫砂盆临时增加一倍，以避免猫因错过猫砂盆而乱排泄。这个方法我曾经让弗兰齐斯卡试过，效果非常好。

合适的猫砂盆位置

开始行为纠正时，把猫砂盆放置在合适的位置可以事半功倍。我喜欢将猫砂盆放置在"人流量较少，且不偏僻的地方"。猫砂盆的摆放也有一定技巧，我比较喜欢将猫砂盆放置在"猫一进入房间便能够看见的地方"。如果因为某些原因，你不想将猫砂盆放在这个位置，也至少应在行为纠正初期将猫砂盆放置在此处，以便让猫尽快完成训练。正如我的客户反映的那样，在众多的猫砂盆中，猫会更倾向于使用显眼且没有威胁的那个。猫更喜欢处于有利位置的猫砂盆，而不是那些进去以后让它感觉走投无路的。

在你的猫至少有 1~2 周没有在猫砂盆外小便后，你需要继续保证家里猫砂盆的数量充足（等于猫的数量加一或楼层层数加一）。如果你真的不想把猫砂盆放在某个地方，你可以尝试将猫砂盆逐渐搬到你和猫都满意的新地方。记住，这是一个循序渐进的过程，你可以每天只移动几厘米，以避免猫因为猫砂盆位置突然改变而不适应。

如果你的猫又开始在猫砂盆外小便，那说明它对猫砂盆的新摆放位置不满意，碰到这种情况时你需要把猫砂盆移到它喜欢的位置。注意，太随意或太频繁地改变猫砂盆的位置，也是在暗示你的猫可以在这些地方随意小便。确定猫砂盆的摆放位置，是你和猫斗智斗勇的一个过程，但最终，是由你的猫决定其摆放的最佳位置。

多地点摆放猫砂盆不仅可以增加此类资源的数量和可用性，还可以增加通向这些猫砂盆的路径。这样，像海尔姆特那样霸道的猫就没法独自霸占所有的猫砂盆资源，而对于胆小的猫来说，当有另外的猫、狗或孩子挡住去路的时候，它还可以选择别的猫砂盆，以及更多的路径通往那里。让胆小的猫有多种选择可以增加它在正确位置排尿的可能性（请参阅第五章，了解更多关于为猫建立理想领地的信息）。

每天铲两次屎，猫行为问题远离你

猫砂盆不干净是猫讨厌使用猫砂盆而喜欢在其他地方排尿的主要原因之一。猫不喜欢用爪子碰又脏又臭的猫砂，无论是自己的猫砂还是其他猫的猫砂，它都不喜欢碰。它们不喜欢一边走近猫砂盆，一边思考这是哪只猫的味道。你也不喜欢在肮脏的卫生间方便吧？

在训练期间，你需要每天至少铲两次猫砂以保持猫砂盆内清洁（这是一个让猫无法拒绝的提议）。连续两周每天两次清洁猫砂盆后，如有必要，可以尝试减少至每天一次。但如果你注意到部分猫砂盆的使用频率更高，那这些高频使用的猫砂盆还是需要每天清理两次。请记住，如果是多猫家庭，你还得处理猫之间的领地争斗问题。猫非常依赖它们的嗅觉，如果地位较低的猫在猫砂盆里发现了地位较高的猫的尿液或粪便，它可能会耸耸肩，转身去别的地方。

我有六只猫，其中五只都不太挑剔，但有一只猫对猫砂盆特别敏感，除非我每天铲两次，否则它就不进猫砂盆。它非常坚持要一个干净的猫砂盆！

如果你使用有盖的猫砂盆，请记住揭开盖子。

当主人不在的时候……

由于出去旅游等原因，你可能会叫朋友临时照看你的猫，但是请不要忘记叮嘱你的朋友要如往常一样定期清理猫砂盆。

为了快速成功，使用训练用猫砂

猫避开猫砂盆的部分原因可能是它不喜欢猫砂。也许你并不知道你的猫对猫砂的喜好程度，但是为了保证行为训练的快速成功，我强烈建议你使用一种特殊的训练用猫砂或一种可以洒在常规猫砂上的猫砂引诱剂。市场上的训练用猫砂质量参差不齐，请货比三家。

我最喜欢的，也是我经常向客户推荐的训练用猫砂，是一种中等颗粒、没有气味的猫砂。它本身含有一种有机引诱剂，颗粒大小合适，不易粘爪，也不会引起猫的不适。据我观察，大多数猫在使用完这种猫砂后，一天会光顾好几次猫砂盆，这对纠正行为非常重要。如果你当地的商店没有我推荐的这种训练用猫砂，那就试着把单独的猫砂引诱剂洒在没有香味的、中等颗粒的猫砂上。

在所有的新猫砂盆和至少一个旧猫砂盆里铺上 5~8 厘米深的训练用猫砂。你可能很快就会注意到猫更频繁地光顾猫砂盆，并且在排泄前后抓挠更多次。如果猫抓猫砂的时间超过 4 秒，说明它喜欢这个猫砂。许多猫非常喜欢训练用猫砂，甚至会在猫砂盆里坐上半个小时。训练用猫砂至少需要使用 30 天。如果你的猫喜欢这种新猫砂，一定要把它也加到其他旧猫砂盆里。

如果几天后，猫还是对新猫砂盆没兴趣怎么办？首先，你需要从猫的角度客观地评估猫砂盆的位置对猫来说是不是最佳的。如果不是，试着重新调整一下猫砂盆的位置。如果依旧无效，可以试着在猫砂盆内放点儿它的猫尿团，以帮助它建立此处可以小便的联想。如果你完整地听从了我的建议，可能不需要走到这一步。我的客户中只有少数人需要这样做。

猫砂替换

一旦乱排泄的问题解决了，你可能会想将更贵的训练用猫砂换为常规猫砂。这个过程需要循序渐进，一次只换一个猫砂盆，逐渐增加常规猫砂在猫砂盆内的占比，直到每个猫砂盆都换成常规猫砂。如果你家里有多只猫，我也建议你使用不同种类的猫砂。据我观察，不同的猫喜欢的猫砂种类可能也不同。

在行为训练过程中，可以对使用了猫砂盆的猫给予表扬或奖励。但是，如果你的猫不喜欢受到过多的关注，更倾向独自待在猫砂盆内，那就别为了奖励而打扰它。

改造领地

有时候，虽然猫主人出于好意进行了一番场地布置，但猫不一定会喜欢。猫对栖息地的偏好与人的主观偏好不完全一致。不合适的场地（就如弗兰齐斯卡为她的猫布置的场地）也会导致猫随地小便。减少猫砂盆周围不相关资源的摆放可以降低猫使用猫砂盆的紧张感。也就是说，你需要将玩具、栖息场所、猫砂盆、娱乐场所尽量分开来。

一些改造猫领地的方法已经在前文说明。其他改造需要根据事件发生情况进行。记住，改造领地不只是为了解决眼前的问题和预防新的问题，更是要让你的猫生活得更好。所有重要的细节请参阅第五章，并在附录B中参看相关物品的清单。

下一章，我将讨论尿液标记。它常与小便行为混淆，辨别和纠正此行为将更具挑战性。

Chapter.
⑨

第九章

X标记现场：尿液标记

"这一定是一支非常美的舞蹈。"爱丽丝胆怯地说。

——《爱丽丝梦游仙境》

早上出门的时候，你最后看了一眼窗户上挂着的带着金色镶边的红窗帘。这窗帘已经挂了一个月了，虽然价格十分昂贵，但它让整个房间充满活力，因此，你认为这钱花得很值。正当你欣赏完窗帘准备转身离开时，却看到一个像跳高运动员一样移动过来的物体。定睛一看，发现原来是一只可爱的小猫。

这是一只叫萨沙的缅因猫，它有着雄狮般的气魄，雪白的身体，猎鹰般炯炯有神的眼睛，形似金字塔的鼻尖以及尖尖挺拔的大耳朵。走路时，高高翘起的尾巴，显得这只猫如此优雅、高贵。

你被它的身形迷惑，并下意识想要挽留它。你看到它慢吞吞地停在你那漂亮窗帘的附近。它的尾巴微微颤抖，站立着，两只后爪来回轻抬，像一个原地踏步的小人儿。你欣赏着它有些怪异的举止，心想它肯定是迷恋上这个地方了。正当你得意之时，它的下一个举止却让你的心情瞬间降到了冰点。原来它不是在跳舞，而是在你心爱的窗帘上撒尿。此时，微风也非常配合地将尿液的味道送进了你的鼻子。

从以上行为来看，这只可爱的猫可能刚刚：

a. 忘记了猫砂盆在哪里

b. 失去理智

c. 做出一种猫表达兴奋的行为，并且这种行为无法矫正，你只能接受

d. 在做尿液标记

e. 用小便表达它对某些事情的不满

（提示：答案肯定不是c或e，这是两个常见的误解。）

有时候，当我首次和猫主人接触交流时，他们表示尿液标记的问题让他们非常头疼，这也是猫容易被遗弃或送到收容所的主要原因。事实上，尿液标记很容易补救，按我的C.A.T.计划可以对猫的问题行为进行纠正。给主人和猫一个类似电影般幸福的结局正是我的职业期许。尿液标记只是标记行为中最让人烦恼的一种，让我们先了解一下猫的标记行为吧。

标记是为交流

　　猫科动物做出标记行为的动机是进行情感交流和标记领地。作为一种有强烈领地意识的动物，猫进化出了许多方式来宣示它所认定的领地边界，并向外界传达此信息。单独狩猎的动物会尽量避免和同类争斗以减少战斗力的损耗，所以它们进化出了一套复杂的交流系统，其中就包括各种各样的标记行为。大多数时候，猫会使用几种猫主人不认为是问题行为的标记。

面部标记和身体标记

　　猫通过在椅子、椅腿、柱子、树等垂直表面摩擦它的脸或身体，将面部和身体各种腺体的分泌物涂在这些地方，以创造一个它更熟悉、更舒适的环境。面部标记和身体标记是无害的，且对猫很重要，因此不应该阻止这些行为。

　　友好的猫可能会互相交换面部和身体腺体的分泌物，以帮助形成一种群体气味，增强家庭中猫群体的认同感（这个习惯进一步打破了猫不合群的谣言）。猫有丰富而细微的交流方式，甚至可以形成亲密而持久的联系。

友好的标记

　　猫进行的所有标记都会留下气味，一旦了解了标记行为，你会知道，猫做出的很多事情都是在进行标记，包括：面部标记（蹭下巴、面颊、唇周，或是用头轻顶）和用不同身体部位进行各种形式的摩擦。这些看似可爱的行为，其实是它们在留下自己的气味和友好的信息素，并把你或环境标记为它的领地。

　　有时候，有些猫可能想去蹭你的头却蹭不到，于是退而求其次，选择蹭你的腿。当然，猫蹭你的头部，也可能是一种爱的表达，这种行为可能会让它们想到小时候和妈妈在一起的情形。我的猫贾斯珀·穆福也喜欢碰我的头部。它会低下额头，一遍又一遍地推我的额头，用"手臂"搂着我的脖子。然后用鼻子蹭我的脖子、下巴或脸颊。这让我感觉非常温馨。最近的研究表明，猫的信息素和人类的信息素在构成上是相似的。这可能是猫和人类相互依恋的原因之一。

猫在地上打滚也是标记行为吗？是的，这种行为是通过摩擦将自己的气味留在物体上，以增强它们与群体间的联系。这种气味标记可以作为一种对其他猫的问候，帮助它们在群体中与其他猫建立联系，让它们感到更安全，从而让它们更好地与其他猫相处。

区别友好标记、焦虑标记与进攻性标记

当一只猫用它的面部摩擦物体时，它是在释放友好的信息素，以帮助它在熟悉的环境中建立自信。然而，其他形式的标记可能意味着不太积极的情感表达。比如，尿液标记和粪便标记就是表现攻击性或焦虑情绪的行为；使用爪子抓挠，除了磨爪去除旧的爪鞘之外，也是一种领地标记行为，这些都有助于猫建立自信，帮助它释放压抑或紧张的情绪。

尿液标记和不太友好的标记

在自然界中，尿液标记可以给其他动物足够的警示以避免不必要的争斗，因此对动物的长期生存至关重要。但家养并绝育的猫通过日常的抓挠行为就可以建立足够的信心，尿液标记只会破坏它的栖息环境，并产生令它们反感的异味，因此显得有些多余。一般猫不会轻易进行尿液标记或随处抓挠，如果发现这种情况，这应该是小猫发出的对环境不满的信号，需要引起重视。

"标示领地"和"在种群间进行信息交流"是尿液标记的两大功能。多猫家庭更易出现尿液标记的问题，这些尿液标记或是明显，或是隐蔽。部分自信的猫会在另一只猫的注视下进行尿液标记，以展现自己更高的地位或划分领地。而不自信的猫则可能偷偷地进行标记，或者在受到其他猫的攻击或威胁后，通过喷尿表达自己的愤怒。对这些比较胆小的猫而言，尿液标记是避免受到攻击的重要方法。

猫排尿的方式有以下几种：

• 单纯排尿（见第八章），这不是一种标记行为。

• 喷尿标记，指猫以站立的姿势，在垂直表面（更常见）或水平表面（少见）进行喷尿标记。缅因猫萨沙做出的行为属于此类标记。

• 非喷尿标记，指当猫不够自信时采取的"蹲姿"喷尿标记行为。此类标记会在水平表面（如地毯）进行，如果是在主人的物品上进行，可以被认为是联合尿液标记行为（见联合标记部分）。

当然，阻止小猫随处小便，尤其是阻止它们在猫砂盆外小便才是你的目标。但是在学习如何让小猫仅在猫砂盆内小便之前，你需要明白猫进行尿液标记（包括喷尿标记和非喷尿标记）的原因，因为这有助于你更好地了解小猫的行为意图。

垂直和水平喷尿标记

猫在墙上垂直喷尿的标记点越高，它想要传达的威慑信号就越强。水平喷尿标记可能是为了保护领土或释放情绪（就像在垂直方向上做尿液标记一样），但通常是等级较低或不太自信的猫做的。

喷尿标记——它在摇动尾巴了，不妙！

在这一章的开头，你在缅因猫萨沙身上看到的是一种最常见的喷尿标记，即垂直喷尿标记。垂直喷尿标记的猫通常呈现站立的姿势，高抬尾巴并不断摇动，来回踱步，面部表情异常兴奋，随后将尿液喷洒到垂直的表面上。可能被标记的垂直面范围非常广泛，如：墙壁、窗户、窗帘、门、沙发、橱柜、音响、电视或笔记本电脑屏幕、你的腿、一堆衣服、猫砂盆外面或它后面的墙、栅栏和外面的灌木丛等。而喷洒的尿液量没有标准，时多时少。

摇动尾巴虽然通常是喷尿标记的前奏，但是它有时也是一种有益的行为。如果摇动尾巴是为了释放压抑、焦虑等负面情绪，那可以被认为是有益的。通常情况下，猫摇动尾巴可能与过度兴奋、激动和不确定因素引起的紧张有关。我家的猫贾斯珀会在焦虑、低落时，趴在几个固定的地点摇动尾巴等待我的安抚。在我看来，摇动尾巴是释放压抑、焦虑等情绪的一种方式。

喷尿标记不仅会损坏沙发、电视、电脑等贵重物品，还会有安全隐患。据报道，曾有一只猫尿在了电源插座上，从而引发了火灾。

你可能会很吃惊，但是猫可能会在它们的核心领地内进行喷尿标记，即在靠近食物、睡觉以及休息的区域。另一些标记则更多地在领地周边进行，包括墙上、门和窗户上等。一般来说，如果猫在它的核心区域附近做喷尿标记，或者沿着内部通道和边界，比如走廊或你喂猫的入口处进行喷尿标记，是因为它和房子里使用相同区域的其他猫（甚至可能是狗或孩子）发生了冲突。如果猫在房子内部周边喷尿（窗户上或窗户下，靠近窗户的家具上，或通向外面的墙壁和门上），则是在标记活动范围的边界以告知外面的猫不要进入。这是一种防止入侵者进入的先发制人的策略。标记行为会让小猫感到更舒适，减少压力或不安。有些猫可能与室内室外的猫都有冲突。

猫的这种表情是什么意思？

你如果想知道小猫在哪里偷偷进行尿液标记，可以观察猫在何处微微张嘴或做出目瞪口呆的表情。犁鼻器是一个嗅觉和味觉器官，猫上颚门齿后面、上牙床正中的位置可以发现两个细小的乳头状凸起，这就与犁鼻器连接在一起。正是因为犁鼻器的存在，让猫、马、羊等动物可以通过口腔识别气味和味道，这种行为被称为裂唇嗅。

水平喷尿标记与水平非喷尿标记

你可能认为地板或床这类水平面上的尿液只是猫的乱尿行为，不是标记行为，先不要这么快下结论。地板上的尿迹可能是被喷在墙上的尿液顺着墙壁流下形成的，也可能是小猫站在床上或桌子上，然后把尿喷到它身后形成的水平喷尿标记。水平喷尿标记与更常见的垂直喷尿标记一样，具有相同的动机、姿势和动作，不同点仅是标记处在水平面上。水平喷尿标记与单纯小便可以通过尿迹的形状进行鉴别：若尿液痕迹细长，则多数是水平喷尿标记；若尿液痕迹呈圆形，则多数是正常的小便行为。猫也可以蹲在地板上小便，就像在猫砂盆里一样，但如果它的动机是做标记，这种行为就被称为水平非喷尿标记，可以在任何水平面进行，如桌子、地毯、柜台或床。

水平非喷尿标记非常容易与单纯小便混淆。如果你碰巧看到小猫小便前后的行为（见第八章），可以有助于你鉴别这两类行为。猫如果是在做标记，一般事先会闻位置，而如果是普通小便，则事先不会闻位置，小便后可能会闻一下排尿处并进行掩埋。当然，经常被训斥的猫可能已经学会了马上从小便地点逃离，这无疑增大了辨别两类行为的难度。当你无法辨别的时候，你需要检查猫砂盆的位置是否符合第五章和第八章的规定，并让兽医排查疾病相关的问题。如果排除了包括健康在内的所有问题，那么这就可能是水平非喷尿标记。水平面的标记比垂直面的标记威慑力小很多，因此通常是不太自信的猫进行的，但是自信的猫也可能会进行这种标记。如果猫咪们有这类标记行为，你需要解决猫与猫之间的相处问题（见第七章）。

连续尿液标记和涂鸦艺术家

猫的喷尿标记可能具有自身的特征。我认识的一只叫阿提克斯的猫，它总是喜欢在主人的天鹅绒沙发上，做出一个三角形状的喷尿标记。它的喷尿标记像城市涂鸦艺术品一样，说是给它开办一个画廊都不为过。

阿提克斯的主人告诉我："小猫对自己做的事情非常自豪，当尿迹开始消退的时候，它甚至还会重新补上。"猫确实会在正在消退的标记处重新做上标记，以强化领地边界。当然，猫也会在喷尿标记消失很久之后，再习惯性地补上新标记。

联合标记

猫可能会在自己主人的物品上撒尿，以便让它的气味与其主人的气味混合在一起，来增强自信，这种标记行为被称为联合尿液标记。它可能会选择你的床，或者其他闻起来有你气味或是能够代表你的物品进行标记。它甚至可能在你面前进行这种标记，这不是表示对你的蔑视或厌恶，而是表示你和它较为疏离。不定期的出差，忽短忽长的陪伴，打骂或者训斥等，会让猫产生焦虑、不安等负面情绪。这时，通过与你的床建立联合标记，可以快速提升猫的安全感。

总之，联合尿液标记最有可能表明你家小猫对环境中的某些物品（可能包括你）感到焦虑和不安，也可能是健康问题导致的应激。我认为，联合标记是比其他形式标记更情绪化的一类标记。

猫在喷尿时传达的信息：领地标记、信息收集、猫咪邮件、性广告、搭讪

一旦你确定猫有喷尿标记行为，那么了解清楚猫想要传达的信息，是寻找对应的最佳解决方法的关键。喷尿标记可能是在标记领地，收集领地内其他猫的信息，宣传性能力，建立信心或释放情绪等。

家猫喷尿的原因主要包括：与室外的猫发生冲突（49%）；与室内的猫发生冲突（28%）；出行受到限制，需求无法满足，情绪也无法宣泄（26%）；搬新家（9%）；家里新摆放了让它感到不安的物件（9%）；与主人互动少（6%）等。[1] 其实，猫也有自己的交流方式，这种交流类似人的邮件交流。

尿液标记可以留下猫的年龄、性别、健康状况等信息，相当于一张个人名片。尿液标记甚至可以传递出这只猫上次来这里的时间和它的自信程度。户外或多猫家庭中的猫，一开始可能只是单方面留下信息，之后逐渐开始用尿液标记进行信息交流。

划定领地，避免领地冲突

尿液标记是猫在达到社会成熟后，领地意识增强的结果。在野外，野猫进行尿液标记不过是一件和呼吸一样自然的寻常小事。一项研究观察到，户外的公猫在繁殖季节每小时会进行 22 次尿液标记。在另一项研究中则超过了 60 次。非繁殖季节的公猫每小时会进行 13 次尿液标记，母猫则每小时进行 4~6 次尿液标记。[2] 公猫通常会在途经的地方每隔 4.5 米左右进行 1 次尿液标记。因为，只有足够新鲜的尿液，才能引起其他猫的兴趣。

有些人认为标记者是想要通过尿液将别的猫驱赶出自己的领地，其实，尽管尿液标记可以给入侵者提供明确的领地信息，这些标记却很少能够起到威慑作用。[3] 标记传递的信息可以帮助别的猫重新调整自己的日

程和活动轨迹，避免猫在狩猎时接触，从而降低发生冲突的风险。因此，这种标记也是一种缓战标记，类似核战争前的冷战缓和期，可以给标记者一定的准备时间。

快乐的爪子先生

到达时间：日落之后

标记理由：这是我的领地范围（我在领地范围做了 5 处标记）

自信程度：高

健康状况：非常好（只需要洗牙）

传达的信息：不要试图在日落后过来

信息收集

猫也会通过尿液标记来收集该地区其他猫的信息。这是真正意义上的猫邮件。猫在领地上进行尿液标记，实际上是想要看看其他猫是否会回信息。猫对标记物的回复，也可以告诉标记者，这里还有另一只猫在共享它的狩猎区域。了解这些信息，可以更好地保护自己。标记者要么再次标记，强化领地划分，要么让出领地或避开其他猫。标记可以让猫在一定时间内共享领地，并帮助它们规避不必要的争斗。

我周二来这儿——你呢？

尿液标记：未绝育公猫母猫的性广告

尿液标记是未绝育猫间的一种性广告。通过尿液标记传递繁殖信息在未绝育的公猫和母猫中非常常见。发情期的母猫，在进行尿液标记的同时，也会叫春。猫会在异性周围频繁地进行尿液标记。公猫比母猫具有更高的尿液标记频率，公猫也更倾向研究母猫的尿液标记，并从中获取繁殖信息。我建议给猫做绝育，因为绝育不仅可以降低意外受精、乳腺癌、前列腺炎等风险，也可以减少约 90% 的猫的尿液标记行为。[4]

但是，绝育并不意味着会让猫的尿液标记频率降为 0。我所遇到的案例中，大多数标记行为是在绝育之后才形成的。虽然性行为这一驱动力没有了，但是获取更多资源、增强安全感、减少焦虑等驱动力依旧会增强它们的尿液标记意识。此外，人们普遍认为公猫更容易出现尿液标记行为，这也让公猫成为主要的弃养对象。虽然这是事实，但是请记住，这种行为可以快速简单地被纠正，不要让收容所成为猫的最终归宿！

标记和竞争

有时猫会在战斗的压力下进行尿液标记。换个角度想，尿液标记也会导致猫之间的关系紧张，甚至会导致打架。（有关猫之间攻击性的信息，请参见第七章。）

猫的不安

尿液标记可能会在猫沮丧、难过、受到攻击或挑战时进行，甚至也可能与分离焦虑有关。尿液标记可以增加猫对周围环境的安全感。猫越焦虑，就越需要熟悉的气味。

我感觉受到了威胁，对刚刚发生的事感觉不太好。啊！现在的气味让我感觉好些了。

猫进行标记的原因较为复杂，简单来说，与遗传、生长发育、社会环境因素有关。

遗传因素：如果小猫的父母（尤其是猫爸爸）是胆小、不自信的类型，那小猫将更容易遗传其胆小的一面，面对周遭压力容易做出标记的行为。

发育因素：小猫如果在 2~7 周的生长发育敏感期未接触足够的刺激，那么在长大之后可能会更加敏感，更容易因为接触任何不寻常的东西而感到紧张和焦虑。

当然，你的家庭环境也是一个因素，家里人或其他动物带来的压力，获得的资源少，资源竞争程度大等，都是猫做出标记行为的诱因之一。

对于猫来说，我们通常是它们满足感和安全感的来源，它们对我们来说也是满足感与内心宁静的来源。我们负责给它们食物，给予它们所需要的关注，帮助它们感觉生活的美好，给它们提供有保障的生活。但对于特别焦虑的猫来说，我们可能会经常忽视或误判它们的需求。想象一下，如果一只特别焦虑的猫不停地喵喵叫，想要被抚摸，而它的主人很忙，无暇顾及它，它会怎么做呢？它会向后站，并在一面墙上做上标记，并从这种行为中获得好几天的满足感。这也是为什么一些猫主人向我说，自己的猫会每隔 3 天左右进行一次标记行为。一些委托人总是用"黏人"来形容自己可爱的小猫，它会从一个房间跟着你到另外一个房间。这些黏人的小猫，其实就是容易陷入焦虑、害怕情绪的小猫，当它们表现得"黏人"但又没有得到足够的回应时，通常就会通过标记来获取自信并释放负面情绪。

"我的猫乱撒尿是出于报复我或是泄愤的心理。"这是人们普遍认为的猫进行尿液标记的原因，但实际上，这个看法是错误的。这不是猫的思维方式，因此，不要试图通过你的揣测来判断一只猫的行为动机，也不要因为这个错误的想法随意呵责、惩罚你的猫，无端的责骂只会让猫害怕并远离你，同时也只会让标记行为更加严重。

宝宝的案例研究：想要回家的猫

宝宝是一只 4 岁的雄性橙色虎斑猫，它在一个美丽的房子里到处进行尿液标记。在我们会诊之前，它已经做了尿检、血检和 X 光检查等全面的检查。它的主人苏珊和杰夫首先通过电子邮件联系上我，然后在我发给他们的调查问卷中详细描述了它的问题。

问题：在房子的每个角落都撒了尿

摘自猫主人的描述：

我们在它 12 周大时把它接回了家。它在 2 岁之前都非常听话，但是 2 岁之后就开始在房子里随处撒尿。

其中一件被尿过的物品是我丈夫杰夫坚固的红木古董药箱。药箱上的黄铜把手现在都被氧化了。

去年，它每隔一天就会在客厅窗户附近的沙发背面、房子里的每一处定制窗帘、前门、推拉玻璃门旁边的墙，还有书房里杰夫的皮质办公椅上撒一次尿。最要命的是，它还尿在了我丈夫为庆祝我们结婚纪念日买的大钢琴上。

我和孩子们都很喜欢宝宝，我们不想把它送去收容所（谁会想要一只乱撒尿的猫呢？）作为妥协，我们决定把宝宝放在外面。当我们都在屋里玩得很开心的时候，看到它挠门想让我们放它进来时，我们都很难受，但它一进屋就会乱撒尿。我们的宝宝想回家，但是我又不想让它影响我和丈夫的生活，因此我们不知如何是好。请帮帮我们！

咨询

当我驱车前往苏珊和杰夫的家进行实地考察时，我看到一只橙色虎斑猫像雕像一样坐在长长、蜿蜒的砾石车道的尽头。我从后视镜里瞥了一眼，看到它正勇敢地在车后小跑，条纹尾巴高高翘起，像是迎接客人的到来。

在我打开车门准备走出去之前，我就已经听到它拉长声音吼叫着"喵——呜！"这种叫声表示它真的很焦虑，或者对某事有很大的期待。

刚下车，我就蹲下来跟它打了招呼，挠了挠它的下巴。当我朝前门走去时，它已经走在我前面几步远了，每走几步它就会喵喵叫，回头看看我是不是在跟着它。它可能很聪明，知道这是它进入前门的最佳机会。我想这一定是宝宝，就是苏珊提到的那只"想回家的猫"。

听到房内传出声音，我和宝宝都知道门即将被打开，宝宝蓄势待发，准备像短跑运动员一样趁开门的瞬间冲进房内。

"嗨，我是苏珊。"女人把门打开一道小缝，说道。她熟练地用腿堵住门缝，阻止宝宝冲进去。"我们很高兴您来这里！我知道您已经见过宝宝了。"

我一进去，杰夫就走上前来，使劲地和我握手。"不是我出去就是那只猫出去！"他说。

突然，楼上传来一个十几岁女孩的声音："爸爸，你才是必须出去的那个！"

这把他们都逗乐了。外面，宝宝正疯狂地用爪子抓挠窗户。

我记得在苏珊的邮件中提到，它喷尿的地点多靠近窗户和门。

"你见过它从一扇窗户跑到另一扇窗户吗？"我问。

"见过！"杰夫说。

"有时它一路都会发出嘶嘶声。"苏珊说，"流浪猫有时会在这里跑来跑去。"

我让苏珊带我去其他有尿液标记的地方，包括杰夫的办公椅和那架大钢琴。这几个标记点也靠近窗户。在查看了问卷并与杰夫及苏珊详细交谈后，我推断出，导致宝宝四处进行标记的是一个最常见的原因。

诊断：领地标记

宝宝显然是因为担心外面的流浪猫会威胁自己的领地，因此用尿液标记强化自己领地的边界，警示外面的猫"不要越界"。

简而言之，宝宝进行尿液标记的原因之一是感觉受到了外面流浪猫的威胁，从而表现出领地或情绪标记行为。根据苏珊的叙述，宝宝在2岁左右达到社会成熟时开始进行尿液标记，而2岁前未表现出标记行为是因为那时候宝宝还未形成领地意识，因此不会在意外面流浪猫的威胁。

针对喷尿、其他形式尿液标记和粪便标记的 C.A.T.计划

有许多兽医或动物行为学家都认为"药物治疗是解决尿液标记问题的关键"，我不同意他们的意见。我认为，只要能找出并消除导致猫进行标记的原因，我的C.A.T.计划就能解决尿液标记问题。它避免了用药，也适用于所有类型的猫。在计划开始执行之前，如果你是多猫家庭，需要先确认哪一只猫才是标记者。通常情况下，随着养猫数量的增加，出现标记行为的猫的数量也可能随之增加。

终止不愿见到的行为

步骤1：清理现场

用第八章提及的含酶清洗剂和清洁方法打扫被污染的区域。尽快去除尿液气味至关重要，可以防止像宝宝这样的猫形成污染区与尿液标记的联想。一旦发现新的尿液标记，一定要立即清理。

步骤2：清除诱因

清除影响猫情绪、状态以及使它感到焦虑不安的物品，这是解决尿液标记的C.A.T.计划中最重要的一个措施。如果不提前清除，猫还是会继续做标记。以下是从最常见到最不常见的顺序列

出的一些诱因：

户外猫的威胁

你家猫看到外面的猫、听到户外猫的声音或闻到另外一只猫的气味，并感到领地受到威胁，是它们在家里进行尿液标记的首要原因。在房子内、户外远足时，或者当你主动将一只陌生的猫带进屋内，都会让你的猫警觉。但是，如果是你购买或领养带回家的猫，它对这类猫的警觉程度会偏低一点。

一些猫主人可能会说"我从来没有在院子或这个地区看到过别的猫"，但你得明白，猫的观察力以及活动时间与人不同。户外的猫更倾向于在凌晨 3 点到 5 点之间出来，而这个时间的人多半在睡梦之中。

室内的冲突

• 标记者一般与室内的其他猫相处不好。可能是因为它具有更强的领地意识，受到了另一只猫的欺负，或对多猫家庭的地位变化感到焦虑。此外，如果一只猫受到外面陌生猫的威胁而在室内进行标记时正好被室内的猫撞见，那么这只室内猫也会因感觉受到威胁而进行标记，这在多猫家庭中较为普遍；

• 猫不得不共享位于同一个地方的食物和水资源；

• 你安装了一个猫洞，这样你的猫就可以出去了——但这也会让它觉得更不安全，因为它的地盘现在更容易被攻破了；

• 你惩罚或斥责了你的猫或家里的其他动物；

• 你的日程安排发生了变化（你在家的时间比以前更短或更长，或一天中待在家的时间段发生了变化）；

• 你没有喂饱猫，或改变了喂食时间；

• 你不再让你的猫和你一起睡觉了；

• 你的猫不像往常那样受到关注；

• 你改变了猫粮品牌或口味，或改用了其他猫砂；

• 你或其他人把带有陌生气味的物品或陌生的气味带到环境中。它可能是一个新的沙发，一位衣服上沾有其他猫狗气味的访客，一辆车轮上沾染了一些令猫不安气味的购物车，甚至是你的鞋底，你穿着它穿过房子时，它带来了户外猫的气味（为防止此情况出现，你在进屋之前最好脱掉鞋子）；

• 家里正在装修，随之而来的陌生人、噪声和灰尘彻底颠覆了猫的世界。装修对猫而是言一个巨大的压力源，尤其是当装修风格不符合你的猫的品位时；

• 你搬了新家；

• 一个新成员（婴儿、配偶、狗、猫）加入了家庭，或家里临时来了陌生的人或动物；

• 猫因健康问题感到身体不适，这通常会出现情绪上的压力，也不利于猫之间的相处。

在阅读了这部分内容后，你可能会问自己，猫什么时候才能不乱撒尿？你可能也会庆幸，虽然满足了这么多诱因，但是你的猫并没有出现尿液标记的行为。对于已经出现尿液标记行为的猫，你可以采取很多办法来结束这一行为。首先从第一种诱因，户外猫的威胁入手。

户外猫的威胁经常被严重低估或忽视，无论你的猫有没有受到这种威胁，我都建议你采取下面的措施，以达到最佳效果。

封窗

在接下来的 30 天里，你必须挡住所有能看到户外猫的地方的窗户，让你的猫看不到它们。

看到这里，你可能会把书放下。"她刚才是说'封'窗户吗？"你问你的同伴。"当然不是，亲爱的"，他说，"她肯定是说'敲'窗户。"

不是。我重复一遍：封住窗户。

在你封窗的时候，你也可以想办法阻止外面的猫进入你的院子，这一点我将在下面讨论。在你成功地阻止了外面的猫（至少30天）之后，你可以打开窗户。封窗并不意味着要封住全部窗户，只需要封住猫可以看到入侵者的那些即可。如果条件允许的话，你可以在窗台上放一些猫不喜欢吃且无毒的植物，以阻止它来到窗边。

如果窗户附近有椅子或其他可以休息的地方，那就把它们都移开。封窗的方法有很多种，简单便宜的方法是使用蜡纸和油漆布。封窗的高度要足够，确保你的猫即使后腿站在窗台或别的物品上也看不到外面的猫。你还可以从家居装饰店里买一卷装饰性的、可拆卸的不透明窗膜。仅仅拉上窗帘可能不会有什么效果，因为猫很容易把它们拉开。

驱赶户外猫

为了让户外的猫远离你的家，我建议使用远程威慑器。这种装置可以放置在较小的密闭区域内，也可以用于保护滑动玻璃门和窗户。它会夜以继日地工作，运动的物体经过时，就会触发其从装置内喷出气体。另外一种威慑器称为动作感应式洒水器，一家制造商声称，它可以威慑100平方米范围内的入侵者。最后，还有一种运动感应式的超声波震慑装置，制造商声称它可以监控20平方米的区域。它的工作原理是发出超声波，使听觉更灵敏的猫听见并受到威胁，但人听不到。当猫需要外出时，可以将这些装置手动关掉。那它们会有效吗？虽然听起来不太靠谱，但确实有效。野猫有许多入侵选择，相较于放有威慑器的房子，它们更愿意造访不放威慑器更容易入侵的房子。

如果户外的猫一直是个问题，可以考虑移除屋外的喂鸟器以及食物，这样就不会吸引猫过来。如果你仍然想喂鸟，甚至喂户外的小猫，最好挑一个你的猫看不见的地方。

阻止野猫靠近对解决多猫家庭的其他问题也有诸多益处，比如可以减少重定向攻击，借此也可以减少尿液标记和粪便标记。

让你家里的猫重归于好

如果导致你的猫乱撒尿的压力源不是外面的猫，而是家中其他与此猫发生过冲突的猫，那么，除了给猫留出更大的领地外，你也要干预或处理猫之间的争斗问题（具体可参考第三章和第七章中关于处理猫之间争斗的建议）。如果这些措施都没有帮助，你可能需要重新介绍一次猫，让它们重归于好。

如果问题不在于野猫或与家里的猫发生冲突，清单上的其他因素很容易发现并处理。如果猫需要的话，你可以给予它更多的关注。不要对它大喊大叫或试图惩罚它，最好使用同一种猫砂和食物，如果非要改变，一定要缓慢过渡；提高喂食的频率，或在合适的位置（即猫不会感到被其他猫或动物威胁的地方）喂食。

如果你的猫似乎对家里的新主人不太适应，可以让新主人给它喂食、给它梳理毛发、陪它玩耍并与它交朋友（见第七章）。如果新加入家庭的是一个婴儿，则需要由你来协调。你可以为你的猫准备小礼物，比如给它零食、多陪它玩、多关爱它，总之是要多留意猫的情绪，不要让它们因为新事物的出现而焦虑。

如果是家里新添了某些物件，比如家具、地毯等，你可以用带有你气味的床单或毛巾在这些物品上盖几天，让它们都留下你的味道。你还可以在这些物件上喷洒信息素（合成的或是从猫身上采集的）。在你实施针对尿液标记的C.A.T.计划时，需要把可能有异味的东西（比如客人的物品或新买的东西）放在猫够不到的地方。另一个选择是把这些东西和它们已经熟悉了气味的你的东西混在一起。你也可以尝试每周在这些物品上喷洒一到两次合成信息素。

当你搬进新家时，把猫放在一个设备齐全的安全屋，并慢慢地让它探索房子的其他地方。这是一个适应的过程，你需要陪它一起玩，在它探索的时候给它食物。

步骤 3：逐步适应

如果你像宝宝的主人一样因为猫到处撒尿而把它关在外面，你应该赶紧让它回家。我建议苏珊和杰夫逐渐开始这个过程，一开始只允许宝宝进入一个房间，然后逐渐让它进入更多的房间，并在它进入每个房间之前、期间和之后都和它一起玩，以减少它的焦虑，建立它的自信。

步骤 4：中断即将发生的行为

对传统建议的提醒

以大喊大叫、拍手或跺脚等传统方式应对猫乱撒尿并不可取。这些做法也许当时有一定效果，但可能会让猫更加焦虑，从而增加尿液标记的次数。对一些猫来说，它们甚至可能会把这种关注视为一种奖励，或者学会在你不在的时候进行标记。

如果你看到猫出现在它经常进行尿液标记的地方，尤其是当它专注地嗅着那个区域，或者做出任何预示它即将开始标记的动作时，建议最好在它真正开始标记前冷静地阻止或分散它的注意力。拿出一个互动玩具把它引开，然后给它一点玩耍的时间。如果你手上只有一个不能互动的玩具，把玩具扔到猫附近，但不要打它。玩具除了可以打断它的行为，还可以让它的情绪状态变得更平稳。

如果你的猫最终还是尿了，冷静地把它带离现场，清理干净。这时，不要试图分散注意力或打断它，也不要对它大喊大叫或进行惩罚。

步骤 5：防止再次标记

要让猫不能进到被标记的区域，或者让它不再喜欢那里。你可以使用上一章提到的任何一种障碍物或者威慑猫的物品，比如防雨布、铝箔纸等，铝箔纸发出的噪声和溅出的尿液可能会让猫望而却步。巴黎的建筑师们甚至将这一概念付诸实践，他们设计了锯齿状的"防尿墙"，让尿液溅回到随地小便的人身上。

诱导猫用新的行为取代标记行为

当你执行终止（和改造）步骤时，你也需要帮你的猫重新建立新的、积极的联想。你可以让它用人和猫都能接受的标记行为来代替尿液标记，帮助它减少焦虑。

鼓励面部标记

清理完污染区的尿液后，正是让猫用面部标记代替尿液标记的好时机。你可以通过以下两种方法中的一种或同时使用两种来实现。第一种方法是每天在有尿液标记的地方喷洒 2~3 次猫信息素，至少持续 30 天，之后可每天喷洒一次，再持续 30 天。一项研究发现，用信息素喷洒被标记区域，可以减少 74%~91% 的家庭中猫随地撒尿的情况，并减少 33%~52% 的家庭中猫随地排便的情况。[5]

第二种方法是用一只袜子轻轻地抚摸猫的面部（见第四章），收集猫自己的信息素，然后用袜子去蹭被尿过的地方（在清洁干净之后）。每天做 1~2 次，坚持至少 30 天。你可能需要两周的时间才能看到使用信息素的效果，所以不要过早停止。

这两种方法与我的其他C.A.T.计划结合使用，成功的概率更高。记住，如果你不去除导致猫乱撒尿的压力源，也不使用能够完全去除尿液气味的清洁剂，信息素可能就没那么有效。

加强爪痕标记

爪痕标记是另一种形式的领地标记，也是猫释放焦虑情绪的一种方式，不过一定要让它留在猫抓板上而不是家具上。尤其当焦虑是导致小猫尿液标记的主要原因（即使你不确定）时，我强烈建议使用猫抓板，用爪痕标记替代尿液标记。如果它已经用爪子在自己的领地上做了标记，为什么还要用尿液做标记呢？爪痕标记不仅是视觉标记，猫爪上的腺体也会留下气味标记。即使小猫没有趾甲，也可以加强它的爪痕标记。下面是操作方法：

把猫抓板放在被尿液标记的地方，与信息素喷雾保持几十厘米的距离。你可以先用便宜的瓦楞纸板代替猫抓板，如果不行，则尝试用小猫喜欢的那一类猫抓板（见第十一章）。

鼓励身体标记：摩擦和滚动

身体标记是猫用气味标记领地的另一种方式。为了鼓励这种标记并用其代替尿液标记，可以在已经收拾干净的地方撒上猫薄荷或喷洒猫薄荷喷雾，面积大约是猫的体积的两到三倍。猫每次在猫薄荷里打滚，都会改善它的情绪和状态。每周不要超过3次，以免降低猫薄荷对猫的效果。你也可以在突出的墙角安装猫梳子，促使它进行身体摩擦，甚至面部标记。

陪它完成一个狩猎序列

让猫在它尿过的地方玩耍并完成狩猎序列，持续30天。这有两个目的：第一，这有助于它在曾感受过压力的地方重建信心。如果猫能够成功表现得像猫一样——跟踪、追捕并吃掉猎物、释放多余的精力——它就会变得更自信，也不再那么紧张；第二，这可以帮助它将此区域与狩猎和进食行为联系起来。具体实施方法可回顾第五章关于完整狩猎序列的说明。

策略性地放置食物

把食物放在被猫弄脏的地方或附近是一个经典方法，如果你消除了诱发焦虑的因素，只需要大约 30 天，这个方法就能起效，但如果你没有消除诱因，猫仍然会用尿液做标记，只是换一个地方。

为什么这个方法有用？出于卫生方面的考虑，也为了不吸引捕食者或竞争对手来获取食物等重要资源，猫通常不会在它们进食的地方留下尿液。一开始你可能需要把食物放在尿液标记的附近，以确保猫会进食。然后你可以在几天内逐渐把食物移向中心位置。刚开始，猫可能还会在你最近放食物的地方进行尿液标记。此时不要着急，新的行为取代旧的行为是一个过程，可能需要一定时间。

改造领地

在改掉旧习惯、养成新习惯的同时，我们需要改造环境，减轻猫的压力。

创造安静的环境

为了让猫增加信心并保持安静，在家里各处安放挥发性信息素，在被尿过的地方喷洒信息素喷雾，并且每天在你的猫经常出没的家里其他地方，距地板约 20 厘米（猫鼻子的高度）处喷洒一次信息素（见下图）。这些位置可能包括墙壁拐角、门框、家具边缘和椅子腿。猫会在这些位置做面部标记，以降低焦虑、增加自信。你也可以每天按摩猫的脸颊和头部，这种按摩的确可以让猫平静下来，以减少它进行尿液标记的次数。

在C.A.T.计划的改造领地部分，你还需要使用狩猎序列和其他形式的游戏来帮助猫完成正常的狩猎和进食行为，从而改善它的情绪。这就好比运动会让你更易控制情绪一样。

你也应该增加猫的资源和活动空间。如果能让猫拥有足够的重要资源，它就不会那么焦虑。在大多数多猫家庭中，猫对领地资源的竞争是导致它们关系恶化并发生标记行为的首要原因。请参阅第五章，了解更多关于领地改造的详细信息，包括猫砂盆维护的全部细节，以及如何减少猫咪们对这一重要资源的竞争。在一个多猫家庭中，把猫砂盆集中放置在一处可能是猫做出尿液标记行为的唯一原因。

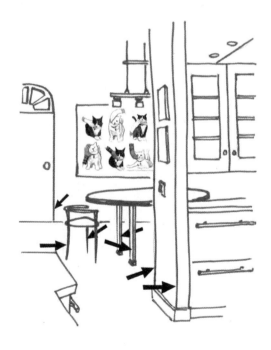

对宝宝的随访

不到两周，上文提到的宝宝就停止了所有的尿液标记行为，它回到了室内，成了一只无比幸福的猫。苏珊告诉我，它更顽皮、可爱了，它会蹭杰夫，甚至还会轻拍杰夫的额头——这是猫对杰夫的爱的终极表达。苏珊说杰夫都乐开了花。宝宝还喜欢抓猫抓板，然后跑到它的新猫架上。苏珊看到了猫有多需要释放自己的压力，它看起来更像一只猫了。它以前从没睡这么香，因为它总是忧心忡忡地在屋子四处嗅来嗅去，好像它唯一的工作就是巡视和保卫领地。如果它碰巧再次看到窗外的猫，它现在有了一种减轻焦虑的新方法，那就是在猫架上留下爪痕标记，这些用于留下爪痕标记的猫架现在位于以前有尿液标记的区域。最重要的是，宝宝终于能够回家，融入正常的家庭生活了。

Chapter.

⑩

第十章

嗷呜！停不下来的喵喵叫

"它们从来不睡觉吗？"

——《丛林之书》

有很多客户来找我，说因为猫半夜喵喵叫，他们已经很多年没睡过好觉了，有些人甚至想把猫赶出家门。另外一些猫则喜欢在早晨喵喵叫，他们的猫像闹钟一样，会准时在早上 6:28 喵喵叫，把主人吵醒，这让他们困扰极了。多年来，我接到了许多这样的咨询，我也总是能够游刃有余地解决，并让猫主人和猫重新回归正常生活。主人的反馈都非常好，比如他们不再担心因为扰民而被迫搬家了，工作状态也有了改善，不再因为睡眠不足而无法正常工作，甚至挽救了他们的婚姻。

咨询者最常抱怨的是猫在凌晨喵喵叫，最常见的时间是凌晨 3 点到 5 点。猫发出的声音就好比飞机起飞时的轰鸣，即使你把头埋在枕头下面也能听见。猫会一直叫，直到你有醒过来并重新关注它或喂它的迹象。为什么呢？也许是因为它的生物钟告诉它黎明是狩猎的时间（但是我们可以把这个狩猎时间改到傍晚，之后我会详细说明），或是它被附近的骚乱激怒。猫的听觉很灵敏，可以听见人听不见的老鼠叫声，外面争夺领地的猫的声音，以及阁楼或墙后的老鼠或松鼠发出的声音。这些都是你的猫在不适宜的时间不停喵喵叫的可能原因之一。

疾病也可能是猫过度喵喵叫的原因之一。例如患有糖尿病的猫，多饮、多食、多尿是常见的临床症状，代谢障碍造成的饥饿感，会让它不停地叫。老龄猫则可能患上认知功能障碍，这会让它们昼夜行为颠倒，并叫得更频繁。还有很多健康问题会导致猫叫得更频繁，因此，不要忘记给猫定期体检（包括血检、尿检以及兽医建议的其他检查）。

医学预警

可能导致猫过度喵喵叫的健康问题包括糖尿病、甲状腺问题、关节炎、肛门腺堵塞、牙痛或其他类型的疼痛。

除了健康问题外，导致猫过度喵喵叫的原因，按可能性大小依次为：

- 早晨是它的狩猎时间

- 分离焦虑

- 被人为训练出的猫，通过喵喵叫以获得奖励（这个问题可能涉及这个清单中的许多其他问题）

- 环境改变（例如搬家后）

- （你的或它的）日程变更

- 失去家庭成员

- 被压抑的能量或情绪需要释放（在无聊或紧张的环境中）

- 饥饿

- 喵喵叫已经成为一种自我奖励的习惯

- 天生比其他猫更爱叫

- 健谈的主人可能有一只更健谈的猫

- 这只猫一直生活在户外，现在被带到了房子里

- 猫在发情期——这种情况下，嚎叫将是暂时的，但如果不绝育，就会周期性地复发

　　有趣的是，猫喵喵叫是它与我们交流的一种主要方式。成年猫很少选择发声来与其他猫交流，当它们发声时，通常是为了表达恐惧或攻击意图。猫主要通过气味标记和肢体语言进行交流。但作为声音语言最丰富的物种，我们人类对声音的反应最迅速，所以与人生活在一起的猫已经知道，喵喵叫是与我们交流的最好方式，能够让我们关注它们的需求。事实上，最近的一项研究表明，许多家猫进化出了一种呼噜声（或咯咯声），似乎是专门针对人类的，而人类显然很难抗拒这种声音。猫也会入乡随俗，猫不仅会和我们说话，还会倾听。猫可以明白某些单词的意思，尤其是与它们喜欢的事物相关的单词，比如食物、零食或它们喜欢的各种活动。当然，我们在表达意思时，语气和语言一样重要。

　　如果可以，你应该试着找出你的猫喵喵叫的原因，如果涉及任何环

境压力源或医疗问题，你就能够对症解决。然而，即使你不确定你的猫为什么会叫，我的C.A.T.计划也可以停止或大幅减少猫过度喵喵叫。越早进行行为纠正效果将越好，以免猫养成习惯而难以纠正。

针对过度喵喵叫的C.A.T.计划

终止不愿见到的行为

猫过度喵喵叫通常不需要药物治疗。只有当你遵循下面的方法后依旧无法解决此问题时，才要考虑药物治疗。

白天或夜间的发声——不要回应

最重要的是，不要对猫过度的发声做出任何回应。大多数主人无意中会对这类叫声做出回应，实际上，这种回应对猫来说就是一种关注，会"鼓励"猫过度喵喵叫。记住，若想纠正这种喵喵叫，就不要对它做出任何回应。不要试图用说"不"来教训你的猫。如果是晚上，甚至不要翻身，也不要起床把它抱到别的房间，因为拥抱对它来说也是一种奖励。如果你的猫在早上5点叫，然后你起床了，你就是在训练你的猫在5点叫你起床。如果它喵喵叫的时候，你喂了它，就是在训练它用叫声来获取食物。一定不要半途放弃，倘若猫连续叫了半小时，你没忍住去安慰了它，那你就是在训练猫"叫半个小时我就理你"的习惯。总而言之，猫是可训练的，它们甚至可以用叫声训练你！

白天发声——像母猫那样冷落它

当你和猫在一个房间时，如果它喵喵叫，那你就离开房间。这也是猫妈妈惩罚做错事情的小猫的常用方式。如果它跟着你，你就去另一个房间，把门关上。等它停止喵喵叫 3 秒后再回来。久而久之，你的猫就会意识到，喵喵叫会让你离开，只有当它安静下来，才可以再次获得你的关注。

我需要提醒你，当你转移对猫的关注时，猫的叫声可能会暂时增加。这是一个转变的过程，训练早期，为了获得你的关注，它会更卖力地叫，它甚至可能想出一些巧妙的方法，比如打翻床头灯，或者把书从书架拖出来等，以重新获取你的关注。但请务必坚持我的计划，之后它会停止这些行为。

分散注意力

如果你的猫通常在一个特定的时间或地点叫，那么你就可以预测到它何时何地会开始叫。在开始叫之前，你可以使用玩具或其他方式分散它的注意力，或用玩具等方式把它从特定的地方引开。但是，若它已经开始叫，那就一定不要再用玩具等方式来阻止它，这只会加剧它叫的行为。你可以使用电动玩具或手动玩具，也可以用装有玩具和猫薄荷的盒子，或者食物来分散它的注意力。

喂食策略

在条件允许的情况下，让猫自由采食可以减少它因为觅食而发出的叫声。如果你按照时间表定时喂猫，则需要寻找喂食的时机。

• 针对白天的叫声，可以在它喵喵叫之前把食物放好。不要在它开始叫之后再给食物。如果条件允许，你可以使用定时喂食器，让它减少从你这里获取食物的依赖性。许多咨询者在使用定时喂食器后都发现猫的叫声减少了。

• 针对半夜或清晨的叫声，你可以在它睡觉前给它喂点儿吃的，最好是在和它玩耍后再喂食。

回顾一下你的喂食时间和喂食量，确保它一整天都能够获得足够的食物。喵喵叫可能只是一种饥饿的反应。如果你不是让猫自由采食（见第五章），那么你应该一天多次喂食。选用定时喂食器来给猫提供食物仍是一种不错的方式。

一个睡觉的好地方

确保你已经解决了外面的猫或啮齿动物的威胁，远程威慑器（见第九章）是阻止外面的猫靠近的最好方法。如果你晚上调低了暖气的温度，你需要给猫提供一个相对温暖或具有加热设施的地方睡觉，这对年老的猫尤为重要。

夜间发声——应该关禁闭吗？

你可以把夜间或黎明发声的猫关禁闭？答案是不可以！许多人试图通过把猫关在一个房间的方式来解决这个问题。甚至，有的人会通过播放更大的音乐或制造更大的噪声的方式来掩盖持续的猫叫声。这些方法，只会让你听不见猫叫声，但是却不会让它停止叫，也无法消除导致它过度喵喵叫的根源。

诱导猫做出新的行为

强调积极因素

如果你的猫喜欢被梳毛、交流、玩耍或者吃零食，那就做这些它喜欢的行为。但是，不要在它叫的时候进行。猫主要是经验性学习，它们会重复那些能带来积极结果的行为。为了确保成功，可以尝试用响片训练来奖励积极的行为（详情见附录Ａ）。

重置行为时钟

如果你的猫只在半夜或清晨喵喵叫，那么你还需要重置它发声的时间，将它调整到晚上睡觉之前。你需要每晚睡觉前半小时完成 10~30 分钟的狩猎序列，持续 2~4 周。游戏过后，喂一些零食或它喜欢的食物。如果它通常在下午进食，那么就在睡觉前给它放一些食物。通常你会在两周后看见成效。我的一些咨询者曾在几天内就见到了成效。而对有的猫，主人可能需要经常重复"狩猎序列"，才能让它保持良好的行为。

改造领地

大多数猫每天会睡很长时间，但如果你因为工作性质的原因，大部分时间不在家，你是无法知道猫的睡眠状况的。你的猫叫的原因也许只是因为在家太无聊了。它喵喵叫是想要释放被压抑的情绪。解决办法是为它提供有刺激性的日间活动，让它白天保持清醒，夜晚准时入睡。我比较推荐做更多的有氧运动，例如在白天和它玩扔球游戏，让它保持清醒。甚至，你可以再养一只猫。据我的咨询者反馈，他们的猫在每天进行有氧锻炼之后，每晚都睡得很香，早上甚至要他们来叫醒猫。我比较推荐的玩具有猫爬架，益智食盆和猫隧道。我的猫非常喜欢电动玩具，猫可以和这些玩具玩上一小时，白天多玩一小时，晚上它就会多睡一个小时。

接下来，检查你的猫所处的环境，寻找压力源。它是否能够轻松获得所有重要的资源？是不是别的猫挡住了它进入猫砂盆或喂食区？家里拥有充足和分散的活动空间对减少猫因焦虑引发的过度嚎叫至关重要，信息素也有助于减少它因焦虑而持续发出喵喵叫。

Chapter.

第十一章

破坏行为与其他你不愿见到的行为

黑夜被蝙蝠芒恩释放，
被老鹰兰恩带回了家中。
牛群被关进棚栏厩舍。
拂晓前我们要通宵放纵。
这是耀武扬威的时辰，
张牙舞爪，各显神通。
听啊！叫唤声声！——
祝狩猎大吉！
遵守丛林法则的兽众！

——"丛林夜歌"，《丛林之书》

动物的天性就是这样，它们丝毫不关心东西的价格，有时候就是想把它们撕碎，并且付诸行动。猫会把丝绸窗帘抓成彩带，把地毯撕成碎片，把沙发抓成旧货市场都不愿意回收的样子。它们还会做其他让我们恼火的事情，比如在键盘上蹦迪，在你叫客人前来进餐时把食物推下桌子，或者舔你忘在窗台上的黄油，即使你已经无数次耳提面命禁止它们做这些事。幸运的是，你可以用人道的方法停止猫的所有这些行为。

猫咪牌碎纸机——为什么猫会抓东西

有没有想过为什么猫会在你进入房间或下班回家时跑到沙发前并开始抓沙发？猫用爪子抓东西有时是为了修整趾甲，有时则是用爪子来标记领地、锻炼身体和释放被压抑的情绪。猫是减压高手，它们有很多方法来释放自己的情绪。

猫用爪子在它们的领地上留下视觉和气味的标记，后者来自它们爪垫之间的腺体。在只有一只猫的家庭里，这些标记给猫一种熟悉感和安全感。在多猫家庭里，猫会更频繁地留下爪痕标记。即使是断趾的猫也会抓挠家里的某些地方，以留下自己爪垫上的气味。这些标记可以警示其他的猫，避免不必要的冲突。最近的一项研究表明，他们的试验并没有观察到猫能闻到其他猫留下的爪印的气味，因此，可能只有视觉上的标记就足够了，就像占强势地位的猫会在从属猫面前抓挠一样。

抓挠行为也有助于猫拉伸和锻炼。猫是趾行性动物，它们用脚趾而非整个脚掌或趾尖走路。猫用爪子来保持平衡，用爪子来攀爬（攀爬对猫来说是一项很有安全感的技能），还可以通过把爪子插入地面，身体向后拉的动作来伸展背部、肩部、腿部和爪子的肌肉。事实上，这种抓挠动作可能是它们锻炼背部和肩部肌肉的一种方式。

抓挠是猫的一种本能，不应该被阻止。但是在错误的地方，比如抓挠沙发的行为，其实不像大多数主人认为的那样不可避免。在一项调查中，有 122 位主人认为自己的猫没有行为问题，但有 60％的猫实际上存在抓挠家具的行为问题。[1] 猫的抓挠行为无法阻止，但是抓挠对象是可以被修正的。在我们讨论如何人道地解决猫抓挠破坏的问题前，有必要谈一谈另外一种不人道的处理方式，即"去爪术"。

去爪术——不必要且不人道

在我们讨论不受欢迎的抓挠行为的真正解决方案之前，让我来纠正一下被太多猫主人和他们的兽医滥用的一种"解决方法"。就算我们把它的名字取得再温和，也无法掩盖它残忍的事实。去爪术不是修趾甲或"花哨地修剪爪子"。因为猫爪是它脚趾最后一块骨头的一部分（不像人类的指甲），"去爪"会切断猫脚趾的整个第一个关节，[2] 类似于切断你每一根脚趾和手指的第一个关节。对人和猫来说，这都是一种残害，但对猫造成的伤害更严重，因为猫用脚趾走路。你可能对此毫无概念，但想象一下，如果你也靠脚趾走路，而脚趾的第一节却被截掉了，那该多么疼痛，行走该多么困难。猫主要依靠爪子来防御，靠脚趾来保持平衡。虽然你不需要脚趾来防御，但想象一下，如果你所有手指和脚趾都被割去了第一个关节，该有多么无助。

称之为"去爪术"是不诚实的。截掉爪子不仅仅是一种"去除术"，就像锯掉你的手臂不能被描述为手臂去除术一样，这么称呼就像除冰、除臭、除霜等用词，让人感觉似乎是去除了一些无用且有害的东西。（使用这种称呼事实上是在掩盖人们对实际做出的行为的恐惧。）

我需要声明，没有兽医会声称去爪术是出于医学目的。即使相比这种手术得到的（想象中的）便利，这么做也太过了。有些残忍的猫主人甚至会用给猫实施安乐死的手段来威胁兽医做这种不人道的手术。我真心希望我的读者不要做这种事情。我在创业之前，曾在许多兽医诊所工作过，我很不幸地目睹或协助了许多我现在理解为截肢的手术。不明真相的我，在很长的一段时间里，认为我们只是切除了猫的爪子，而不是脚趾的一部分。而且，因为我总是看到这种手术——兽医会推出绝育和去爪的手术套餐——我也从未质疑它，或者考虑其他的选择。如果你之前因为不知道真相而给猫去爪，我希望你将来能重新考虑，不让悲剧再次发生。

小猫查理的故事

当我还是一名兽医助理的时候，第一次见到了这种去爪手术以及它的后果，受害猫是一只叫查理的黑白花小猫。

小查理从主人怀里跳到了我的怀里，当我抚摸它的时候，整个房间都能听到它的呼噜声。它用舌头轻轻地舔我的脸，并用前额轻贴我的额头。负责给它做手术的兽医名叫卡拉，是一位胖胖的、豪爽的女士。那天她是诊所的临时值班兽医。当她给查理麻醉的时候，她跟我说"这个手术很荒谬，也很没有必要"。但是她是值班兽医，她没法拒绝这个手术。她还说她已经很久没有做去爪术了，一开始对手术部位都不太确定，她拿起手术工具时双手颤抖。用来做手术的工具可能你家里也有，就是狗的趾甲修剪器。

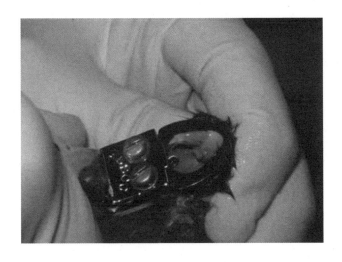

她每剪断一个趾甲都会说一次"我讨厌这样做"。卡拉显得非常紧张，每剪一次，全身都会颤抖一次。每当我看到掉在检查台上的脚趾尖时，都倒吸一口凉气（后来我才明白，这就是查理的脚指头）。当时，还没有人提到"脚趾"、"手指"或"截肢"这样的字眼，因此，虽然画面比较残忍，但是我还是习惯性地认为，被切掉的东西虽然看起来很可怕，但只是爪子的末端而已。

主人希望查理还能攀爬，因此卡拉没有切除它后脚的爪子。在切除两只前脚的爪子后，卡拉用止血钳把脚趾上的洞撑开，而我负责在每个爪子的洞内滴上一滴组织胶来封住伤口。在这个过程中，我甚至可以看见洞内裸露出来的粉白色的骨头。

手术结束后，我们对查理前肢的创口进行了包扎，绷带一直包扎到了肘部，看着像是两个大大的鸡腿。依据兽医行为学家尼古拉斯·多德曼博士的说法，去爪术的猫预后大致如下：

> 手术后从麻醉中苏醒的猫的表现，清楚地表明了这是一个多么不人道的手术。而这个手术的恢复过程与常规手术不同，去爪术后难以忍受的疼痛，会让小猫蜷缩在看护笼的一角，不敢动弹，一些难以忍受的小猫甚至会从看护笼内跳出。用"变形""毁容""脱臼""肢解"等词来形容这个手术都不为过。去爪术曾因其难以忍受的痛苦而被用于虐待战俘，在兽医学中，这种临床手术被用于建立剧烈疼痛的模型，以测试镇痛药物的疗效。虽然可以给去爪术后的猫使用止痛药，但实际上很少用，而且这些止痛药不能完全止痛，药效也不会持续很久，所以猫迟早会出现疼痛。[3]

当我第二天早上来到诊所的时候，我意识到可能有比我前一天看到的更可怕的事情发生。查理充满了痛苦和愤怒，原本干净的黑白花毛染上了血迹。与它一起带来的熊猫玩具也已经被血渍污染。这只小猫在夜晚扯掉了自己的绷带，在不锈钢看护笼里上蹿下跳，鲜血染红了墙壁、天花板、地板，甚至铁栅栏门。它用后腿坐着，小心翼翼地不让前爪碰到地板，并不停地叫着。我把它抱起来安慰它，这时兽医走了进来。我们开始帮它重新包扎伤口，兽医注意到其中一个切口已经裂开，并露出了骨头。我们不得不再进行一次麻醉来重新缝合切口，这次用缝合线缝合，然后给它包扎好绷带。

估计查理始终也想不通，为什么自己会受到这样的虐待。与人一样，猫也害怕受到这种伤害。通过查理的案例，你可以非常直观地看到去爪术的残忍，我也希望借此说服更多的人不要给猫做去爪术。

除了手术本身的残忍外，去爪术还很有可能发生术后并发症。一项研究表明，50%的猫会在术后立即发生并发症，20%的猫会在出院后出现术后并发症。有的猫会重新长出趾甲，后长的趾甲可能会带来更大的疼痛。[4] 有些猫在手术多年后都不愿意梳理爪子，或不敢从高处跳下来，也不敢玩它们曾经最爱的玩具。

脚趾疼痛会导致猫改变正常的步态，导致腿、臀部和脊椎的僵硬和疼痛，就像脚受伤时又穿了不合脚的鞋子一样。猫会失去作为猫科动物超强的平衡能力。这种手术对猫的身心都会造成巨大伤害。在我过去20年的职业生涯中，许多主人都向我反映，如果时间可以倒流，他们不会带自己的小猫去做这么残忍的手术。这个手术让他们原本顽皮、友善的猫变得沉默、内向和胆小。一些猫在手术后咬人次数增多，许多人因此将猫弃养。

在过去的20年里，对狗进行断尾和剪耳手术一直处于激烈的伦理辩论的旋涡中，但有关猫去爪术的争议却鲜少引发关注。作家弗兰妮·苏弗是猫去爪术的反对者，她描述了自己向加州立法机构提出"手术冷静期"议案时发生的情况。她称一位立法助理将这个提议提交给了加州兽医协会主席，并征求了当地收容所负责人的建议。他们达成的意见是，如果猫去爪术变成非法的，那么将有更多的猫被实施安乐死或送至收容所。[5] 动物权利兽医协会把这严肃地称作"情感勒索"，并且质疑这种主人是否还适合做猫的监护人，"特别是当有数百万人都能够与未去爪的猫和平共处时"。

对于这个说法，我只有一个补充：去爪术是特别不道德的，因为猫乱抓挠的行为非常容易被纠正。

幸运的是，去爪术越来越不受欢迎了。相关数据显示，已经有 22 个国家明确宣布，去爪术是一类"非法"或"极不人道"的手术，只有在极端情况才可以实施。而美国由于是联邦制，不太可能推行全国性的法案，需要每个州自己立法或提出倡议来禁止去爪术。[①]

美国兽医协会提出，只有当一只猫不能被训练得正确地使用爪子时，去爪术才是合适的。这就是我尝试行为纠正的切入点。

案例研究：喜欢撕东西的尚蒂

尚蒂是一只两岁大的东奇尼猫，正如它的主人拉杰夫所说，它是最棒的猫，但就是喜欢抓家里的音响，把家里的家具挠破了。

问题：大范围的破坏

摘自主人的描述：

> 除了音响，沙发扶手和所有的椅子也都被撕成了碎片。有时它还会嚼撕碎的东西，或者咬散落在空中的碎屑。把我的房子搞得像是被一个拿着砍刀的疯子袭击了一样。

咨询

走进拉杰夫的客厅，我首先看到了裸露出内芯的沙发，那一处特别

---

① 公平地说，美国的猫去爪率较高可能与美国人（像加拿大人）把猫关在室内的比例较高有关。

显眼，像是一颗放大的爆米花。目光所及的家具都有被破坏的痕迹，看来拉杰夫没有夸大尚蒂的破坏程度。

"到目前为止，你尝试过什么解决方案？"我问。

"我会拍拍我的手，对它说'不'！"

"嗯。这似乎不太管用。"

"相反，情况更糟了。现在只要我不在，它就会去抓挠沙发和音箱，我想它还会找到新的地方进行破坏。"

"没错，"我说，"你帮它养成了主人不在就破坏的习惯。"我也向他说明，任何负面形式的关注（甚至只是拍手或大喊"不"！）都可能给猫带来压力，而这种压力，只会让它用更多的抓挠、破坏行为来排解。虽然拉杰夫给它买了猫抓板，但它完全无视这些，还是去抓沙发边。但是它喜欢睡在猫抓板上。

你无法消除猫的野性，但是你可以改变它释放野性的场所。猫生来就有爪子，并有使用爪子的权利，这是你必须接受的事实。人们很容易将猫的抓挠行为视为"坏的行为"，有许多猫主人甚至想要一只生来就没有爪子、没有毛、没有本能的猫。但既然已经养了它，试着接受它的野性不失为一种明智的方式。

防治

预防猫抓挠破坏的最好方法可能是让猫最初就习惯使用猫抓柱和修剪趾甲。年长的猫抓挠的原因是想要磨掉爪鞘，如果你定期为它们修剪趾甲，那它们的抓挠行为自然就会减少。当然，修剪趾甲也可以让趾甲变钝，从而减轻对物件的破坏。

永远不要在猫刚抓挠完东西就给它修剪趾甲，它可能会将其视为一种惩罚。等猫平静下来并试图亲近你的时候，再去修剪。一边修剪，一边表扬，并且抚摸它，奖励零食或食物。如果你修剪趾甲的时候，它表现得不乖或具有很强的攻击性，则需要考虑让专业人士来定期修剪。

针对抓挠行为的C.A.T.计划

终止不愿见到的行为

首先，你自己要先停止所有的指责。你也知道这并不管用，反而会给猫施加更多压力，那何必还这么做呢？以下才是你应该做的事情。

阻止你不希望的抓挠行为

你必须记住，如果一只猫抓沙发已经有一段时间了，那它就是已经养成了习惯。这也就意味着，你必须努力使这个区域变得不具有吸引力，才能彻底改掉它抓沙发的习惯。

为了防止猫抓坏一些小地方，你可以使用双面胶带（或专为阻止猫抓挠而制作的产品）。在大面积的区域或家具上，可以悬挂或固定带有尖头的塑料板对猫进行威慑。威慑是最有效的方法，与其对你的猫吼叫或指责，不如用这些方法让它形成"这些地方禁止抓挠"的意识。

与此同时，你需要诱导它去你指定的新领地（见诱导部分）。

对传统建议的提醒

有些人可能会建议你设置障碍物或以恐吓的方式阻止猫进入它经常抓挠破坏的区域，以免它形成习惯。但是他们关门、设置婴儿门、设置室内电子围栏等方式只能治标不能治本。而使用会爆炸的鞭炮、气球等也不太人道。不恰当的方式，有时还会适得其反。

如果你不喜欢给自己的家具安上塑料板，你可以尝试使用猫塑料趾套，随着趾甲的生长，需要6~12周维护一次。你也可以在你的猫抓挠家具之前，用玩具将它引诱到有猫抓板的区域（见诱导部分）。为了能时刻定位猫的位置，可以给猫带上可拆卸的、系有铃铛的项圈。注意，项圈最好能够在受压时自动打开，以免猫被项圈挂在某个地方而被勒死。

诱导你的猫做出新的行为

猫抓板的方向

拉杰夫放置猫抓板的思路是正确的，但是猫抓板应该让尚蒂喜欢才行。他买的猫抓板是水平放置在地板上，但从尚蒂抓挠椅子、沙发和音响的特点来看，它显然更喜欢垂直方向的抓挠。这一点并不罕见，因为垂直抓挠可以让猫更好地伸展身体。如果它抓沙发，那就买垂直的猫抓板。如果它抓地毯，那就买水平的猫抓板。如果你不确定，那就两个都买来试一试，并让猫自己做出选择。猫爬架是最好的解决方式，它既有垂直方向的猫抓柱，底层也有水平方向的猫抓板。

猫抓板的位置

将一个或多个猫抓板放置在猫经常抓挠的区域以及家里的核心区域附近，可以有效减少猫抓挠其他东西的次数。不要把猫抓板放置在偏僻的角落（如地下室、车库等处）。猫喜欢抓挠的物件周围空间布置是什么样，猫抓板周围最好也布置成什么样，这样会对猫更具有吸引力。

猫抓板的材质

剑麻绳、地毯或瓦楞纸等都是很理想的材质，这种材料的猫抓板可能比猫喜欢抓的家具的材质更具有吸引力。有些猫抓板是由麻、原木或者布料制成。你可能觉得猫不会喜欢原木材质，但猫觉得自己是个优秀的伐木工。研究人员本杰明·哈特发现，相较于编织紧密的块状纤维材料，猫更喜欢抓挠长而直的纤维材料。

猫抓板的其他考虑因素

确保猫抓板有一个稳定的底座，以免猫抓板倾倒，使猫受到惊吓并心生忌惮。此外，新买的猫抓板没有猫熟悉的气味，因此一开始猫可能不会立刻去使用它。这时，可以在猫抓板上放一点猫薄荷或玩具来引诱它。永远不要强迫你的猫使用猫爪板，这只会适得其反。

不要通过使用面部气味或信息素来引诱你的猫使用猫抓板，猫一般不会在已经有面部标记的物体上再次进行爪痕标记。

信息素是阻止猫抓挠的利器

上面提到，不要在你想让猫抓挠的东西上使用信息素，例如猫抓板等。同理，你可以在你不想让猫抓挠的地方及其附近涂上信息素，以阻止你的猫继续抓挠。注意涂抹的范围，如果你的猫抓挠了沙发的左边，明智的做法是在沙发的左边和右边都涂上信息素。如果你家里没有合成信息素，可以用带有猫面部气味的布料来代替（见第四章），每天涂抹一次。你也可以考虑在不想让它抓挠的地方放置挥发性信息素，从而减少与压力相关的抓挠行为。

友善的言行

当你的猫抓挠了正确的区域时，记得给它奖励，比如爱抚、梳毛、喂零食，或是拿出它最爱的玩具。

响片训练

通过响片训练以促进猫养成理想行为习惯（请参阅附录A）。当你的猫玩猫抓板的时候，按一下响片并奖励食物。这种积极的训练方法甚至可以重建曾因为你的斥责而破损的人与猫之间的关系。

正向强化

告诉你的猫什么事情可以做，比告诉它什么事情不能做更有用。如果你打算像对待孩子一样对待你的宠物，那至少应该遵循这个基本原则。

在猫连续几周使用了新的猫抓板之后，你就可以把之前贴在物件上的双面胶带或其他覆盖物拿掉了。

改造领地

如何给猫安全感、建立理想的栖息区域，并给予恰当的激励呢？你可以参阅第五章进行学习。你需要设置足够的用于磨爪、攀爬、栖息和躲藏的空间，并提供足够的猫砂盆、食物、水和玩具。当然，你还需要经常和猫互动或让它完成狩猎行为。

玩具，猫爬架，隧道和其他缓解压力与无聊的方法

你需要仔细审视猫所处的环境。它会觉得无聊或缺乏刺激吗？它是否缺乏足够的渠道来宣泄被压抑的情绪或压力？为你的猫创造一个刺激的环境；使用逗猫棒等玩具更频繁地与猫玩耍，至少每天一次；给它提供能够自娱自乐的玩具和益智食盆，并添加猫爬架和猫隧道（详见第五章）。

它对自己的进食情况和猫砂盆情况满意吗？从第五章可知，最好为你的猫设置让它舒适的猫砂盆。它和家里的其他猫、狗或人相处得怎么样？阅读第七章来处理猫的攻击行为和社会冲突。识别和消除压力源可以减少极端的抓挠行为。

有关尚蒂的后续

拉杰夫说，在按照C.A.T.计划进行了几天之后，尚蒂会走到沙发前，停下来，然后右转去它的新猫抓板那里。我问他，他接下来做了什么。"当然是表扬猫了，有时还给它点零食！"

拉杰夫的成功来得很快，但不是所有猫都这样，要有耐心。有时需要一周或更长时间，猫才能减少错误的抓挠行为，彻底消除这种行为可能需要更久。我见到尚蒂时它才两岁。猫的年龄越大，习惯性行为持续的时间越长，往往越难改变。

爬柜台和跳桌子：为什么猫喜欢高处

客户还会要求我帮助他们的猫远离各种高台面——厨房柜台、炉子、餐桌和抽屉柜。和用抓痕标记领地一样，在高处栖息和休息也是猫天生的行为。高处给猫观察领地提供了有利位置，更重要的是能给它们安全感。当然，有些高处会有食物和其他吸引猫的东西。你可以引导你的猫纾解攀爬高处的欲望，但你无法阻止它——除非使用不人道的方法。就像过度的嚎叫一样，主人们的负面反应常常会无意中强化这些行为，或者破坏你和猫之间的关系。

我的许多客户问我："我怎样才能让猫服从我，远离柜台？"读到这里，你可能已经知道答案了，你可以让一只猫做你想做的事，但不能指望它为了取悦你而服从命令。群居动物才有这种服从关系，猫可没有。但猫通常会避免做出导致负面结果的行为，除非这些行为得到了你的负面关注——一些猫会渴望你任何形式的关注。因此，你应该避免对猫的负面行为表现出任何形式的关注和奖励，甚至可以让猫感到一点儿不愉快。

针对爬柜台和跳桌子的C.A.T.计划

终止不愿见到的行为

把食物都拿走

首先，如果食物是吸引猫跳上厨房柜台的原因，那就把食物移走！当你不准备做饭或上菜时，你应该确保这些地方没有猫能吃到的东西。把食物放在柜台或水槽上就是赤裸裸地引诱小猫犯罪，不要低估它们的嘴馋程度。我的猫克劳德特别喜欢吃面包，在我实施C.A.T.计划之前，它甚至能找到我藏在冰箱最上面的面包。一位客户讲述的事情让我记忆深刻：他的猫成功地把一整只鸡从柜台上拽了下来，拖进了卧室。他沿着一路油腻的痕迹，在床下发现了这个脏兮兮的小家伙，它把整个身体都贴在烤鸡上，每只爪子都伸了出来，并对任何试图抢走它的战利品或偷看床底下的人发出咆哮声和吐唾沫。

为了防止猫因为饿肚子而跳上柜台，你需要确保足够的喂食频率和喂食量，如果猫很有节制，则可以让它自由采食。

停止在厨房喂食

如果你经常在厨房喂猫，那么你需要考虑更换喂食地点。在厨房喂食会增强它对此区域与食物间的联系，从而增加它对厨房柜台的兴趣。

避免发送混淆信息

当猫在柜台上的时候，不要给它模棱两可的信息。很多人都陷入了这样的陷阱：他们会立即将跳上柜台的猫赶走，但是有时候又会去抚摸小猫，因为刚好伸出手就能摸到。

对于大多数喜欢和人在一起的猫来说——当你在厨房忙活的

时候，有时它跳上柜台便能得到爱抚或关注，因此它会认为在厨房柜台上闲逛似乎是它能得到关注的最好方式。所以你需要做出选择：是允许猫在柜台上，而不是发出嘘声将它赶走；或者遵循这个建议，始终不让猫靠近柜台。

使用威慑器

让猫觉得待在柜台上是一种不愉快的经历，注意别让猫发现这些事情与你有直接联系，这样就不会损害你和猫之间的感情。在柜台上放置一个远程威慑装置，比如动作触发式喷气罐。每当你的猫跳到柜台上时，罐子就会发出警告声，然后喷出一股空气，并发出让猫觉得不舒服的声音。通常经过几天的训练，你可以停止喷气，让设备只发出警告声。光这一点就可能让猫远离此处。最后，猫只要看到柜台上的喷气罐，就不会再靠近柜台。如果猫决定再试探一下，跳到柜台上，就再用几天喷气罐。我对我的猫使用过这个设备，非常有效，而且很人道。（你也可以制作几个看起来像原来的喷气罐的假罐子。如果你的厨房很大，又想省钱，这些假罐子特别有用。）

然而，如果是多猫家庭，喷气罐发出的声音可能会让胆小的猫非常害怕，即使它的声音比主人的大喊大叫要小得多。

你也可以把双面胶带贴在餐垫或者柜台上以代替喷气罐这类远程威慑装置，或将二者结合使用。还可以把盛有少量水的烤盘，或者尖头朝上的塑料地毯固定在柜台上。几个星期后，你可以把大部分的塑料地毯撤走，只留下几块挂在柜台上，让猫从视觉上回忆起在那里所经历的不愉快。如果猫又开始跳上柜台了，就把地毯再放回原位几天。这些间歇性的提醒在训练猫时很重要。我不建议使用捕鼠夹、电击垫或散发着恶臭的化学物质等作为威慑器。

转移猫的注意力，或像猫妈妈那样漠视它

如果出于某种原因你没有使用远程威慑器，那么，如果你看到猫正盯着柜台，可以用一个玩具分散它的注意力，在它有机会跳上去之前诱导它离开。如果猫已经跳到了柜台上（尤其是想用这种办法引起你的注意时），不要再给它任何形式的关注。别把它抱起来放在地板上，不要说话，也不要看它，更不要走向它（除非那里有什么能吃的，容易摔碎的，或有可能伤害它的东西，比如热煎锅等）。如果你认为它跳起来是为了引起你的注意，而不是为了调查某事，最好的做法是你立即离开它，这样，它就会逐渐建立起"跳上柜台会让你离开"这一联系。

注意，你得使用最小侵入、最低厌恶（LIMA）的威慑器来达到想要的结果。你必须充分了解并尊重小猫，不要超过它的敏感阈值，以免制造新的问题。正如前面提到的，对于一只非常害羞、紧张的猫来说，喷气罐的威慑可能过于强烈了。

同样重要的是，你选择的威慑手段不会导致猫出现主人缺席行为。例如水枪威慑，长期使用这种威慑方式可能会无效。一些客户告诉我，每当他们发现猫在柜台上时，就会偷偷地朝它们喷水。但是，即使猫没有看到你向它们喷水，它们也可能会产生一些更高层次的"想法"：真好玩——每当主人在旁边时，我一跳到柜台上就会被淋湿。哦，看！现在主人走了，我再跳回来就不会被淋湿了！哲学迷们可能会认为这些猫犯了一个"后此谬误"的逻辑错误——如果A事件先于B事件发生，就认为A事件是B事件的原因——但猫仍然抓住了结论，不是吗？结果可能是等猫身上干了，趁你不在它又回到柜台上。这样一来，不但没有减少猫上柜台的频率，而且让猫对主人产生了负面印象。避免形成这种主人缺席行为的诀窍就是不管你是否在附近，都让柜台本身变成一个不受欢迎的地方。这样也可以维持你和猫的关系。

你的猫喜欢上柜台可能还有其他原因。也许是因为站在上面可以看到外面，或是那地方很安全，可以远离狂吠的狗或喜欢抓猫尾巴的两岁孩童。你越知晓猫跳上柜台的原因，越能够通过满足它其他方面的需求来改变它的行为。如果你的猫因为和另一只猫关系紧张而待在柜台上，你可以参阅第四章和第七章的内容，了解如何让猫咪们缓和紧张关系以及重归于好。

诱导猫做出新的行为

在你让猫离开那些你不想让它去的地方时，必须给它另找一个可以待的地方，最好比柜台或桌子更吸引它。如果猫是因为没有足够的垂直领地，或是为了远离狗、其他猫或小孩子而跳上高台，一个猫爬架可以完美满足它的需求；如果猫爬上柜台是为了从那里观察窗外的鸟，那就设置其他能让它安全地观察飞鸟的栖息处。你甚至可以在为它准备的猫爬架附近的窗外放一个喂鸟器；如果猫真的只是想靠近，就像我养的那些猫，你可能只需要在厨房里设一个新的栖息处，以便让猫和你面对面地玩耍。为了诱导猫到你想要它去的新地方，可以在上面放些玩具、猫薄荷或零食。

无论你怎么做，当猫如你期望地去到新地方时，一定要给它更多的关注。如果你的猫爱吃零食或食物，响片训练是一个促进并巩固新行为的好方法（见附录A）。如果你看到猫坐在新地方，按动响片并奖励它，很快它就能学会重复这个行为。

改造领地

请参阅第五章，了解如何给你的猫足够的安全感、理想的栖息场所以及适当的刺激。你需要提供足够的猫爬架和栖息处，可以躲藏的地方，足够的猫砂盆，分散的食物和水源，以及各种各样的玩具。当然，你也要频繁地与小猫进行游戏或狩猎训练。

Chapter.
⑫

第十二章

猫的强迫症

丛林中的人皆不喜欢被打扰。

——"卡阿的狩猎"，《丛林之书》

出于各种原因，猫可能会做一些折磨自己也折磨别的猫或人的行为。猫的强迫行为主要与压力有关，尤其是当猫被两种矛盾的行动所左右时。例如，你的猫可能同时既想亲近你，又因害怕惩罚而想远离你。或者面对另一只猫时，它可能会陷入逃避和对抗的矛盾抉择中。同样地，如果你唤一只狗，它可能想过来，但又不知道你是否在生它的气，难以抉择的它最后可能只好在原地转圈。

这些由于认知冲突引发的强迫行为，常常会表现为吮吸和咀嚼毛发，甚至发展成异食癖，即吮吸或咀嚼不可食用的物品，包括羊毛、棉花、人造纤维、纸张以及更奇怪的材料，后文将会详细介绍。另一种更常见的强迫行为主要表现为过度梳理毛发，更甚者会拔自己的毛发，这称为"过度梳理"（心因性脱毛）。此外，它们还可能咬自己的尾巴，抓自己的脸，这属于"皮肤抽动症"或"猫感觉过敏综合征（FHS）"的范畴。

除了认知冲突，强迫行为还可能与基因有关，似乎会从猫妈妈、猫爸爸传给小猫。强迫行为也可能与过早断奶，以及普遍的焦虑、沮丧、无聊或分离等压力有关。当猫频繁承受这些压力或持续较长一段时间时，发生强迫行为的风险会更高。

猫沮丧的原因和你一样，可能是没有获得它想要的东西，或完成它想做的事情。也许它想要攻击窗外穿过它领地的猫，可是它出不去；也许它想玩耍、打猎、跟踪、猎杀、进食，但没有任何可供它玩乐捕食的对象，也没有能吃的食物。患有分离焦虑的猫在主人离开家时可能会心烦意乱，如果独处太久可能会出现过度梳理。

简而言之，猫产生强迫行为的原因可能与过早断奶、认知冲突、焦虑、无聊或沮丧等压力以及遗传倾向有关。

所有的动物对无聊、沮丧、认知冲突和其他形式的压力都有其特有的反应。在动物园里，大型猫科动物会来回踱步；狼、狐狸和北极熊等会走来走去，啃咬木头，吞气或者自残；而长颈鹿会不停摇摆；纽约中央公园动物园那只以神经质著名的熊"格斯"会强迫性地来回游泳；马会反复咀嚼或在走路时不停摇晃身体；猪会咬围栏。

猫的强迫行为，包括过度梳理和吮吸毛发，本属于自然行为，但因为它不停对错误目标进行不必要的重复，便逐渐发展为异常的强迫行为。有时候，甚至会对猫的（也是你的）居住环境和猫的身体造成破坏。如果任由其发展，那么原本不相关的压力源最终也可能引发这种行为。随着时间的推移，就算没了压力源，强迫行为也会反复发作。（参见第十章，过度的喵喵叫或嚎叫。）

医学预警：强迫行为和口欲滞留

向兽医咨询可以帮助你确定猫的强迫行为是健康问题还是心理问题（例如口欲滞留）。健康问题最初的病因可能包括饮食失调、器官功能障碍、神经系统和代谢疾病、血清素耗尽、运动过度、认知功能障碍以及脊柱和神经系统疾病等。

食物过敏、花粉过敏、霉菌过敏或者常见的跳蚤叮咬等，会导致猫皮肤状态改变，并引起猫啃咬、过度舔舐毛发或单纯脱毛，寄生虫或背部疼痛也会导致强迫行为。我曾经见过一些患有甲亢、肛门腺问题或是膀胱结石等泌尿系统疾病的猫，它们会试图通过梳理腹部的毛来缓解疼痛或者焦虑情绪。膀胱炎是一种膀胱炎症，它不仅会导致猫啃咬或舔舐腹部，还会导致猫在家里不当排尿。尾巴受伤的猫也可能会追逐或啃咬自己的尾巴。记住，就算这些健康问题得到了解决，原先的不当行为仍可能存留，必须及时进行矫正。

有些强迫行为不仅会危害猫的健康，也会损害你的个人财物。另外，试想一下，你正看着或听着小猫断断续续地舔咬自己，对你来说何尝又不是一种折磨呢？所有这些行为都应该尽快得到纠正。

遗憾的是，大多数主人，甚至是兽医，都不知道如何有效地干预并纠正强迫行为。我将以前言中提到的娜达为例来探讨最常见的强迫行为：过度梳理和异食癖。但我需要强调一点，由于强迫行为本身存在成瘾性或表现得像上瘾，这是最难诊断和治疗的一类行为问题。在实施下文针对强迫症的C.A.T行为矫正计划外，到兽医诊所就诊甚至使用药物治疗可能是必要的补充。既然你已经读到了这里，你应该知道，我不相信自行盲目使用药物对治疗行为问题有任何帮助，但如果真的有必要，尤其是需要用药物控制猫的自残行为时，我特别支持使用药物。

过度梳理

假如你的猫在院子里撞见了一只流浪猫，逃避还是抗争的认知冲突会让它感到焦虑，并可能借梳理毛发来转移焦虑情绪。梳理毛发是猫非常正常的自我抚慰行为，猫在去宠物医院的路上，看见别的猫时，或是从高处翻落后都会这样做。但是，如果这些刺激源持续存在或反复出现，就会导致猫过度梳理，引起斑秃和皮肤损伤。有的猫甚至会试图啃咬或拔掉毛发，在极端情况下，猫会咬出深深的伤口，并导致感染。

过度梳理主要见于容易焦虑的东方血统纯种猫。母猫比公猫更易出现这种问题。但是据我观察，几乎所有品种、颜色、性别的猫都会出现这种问题，并且诱因各异。让我们看几个例子。

首先，让我们看看在前言中提到过的娜达。它和领地内一只新来的猫发生了冲突，两只猫在苏珊家各自的楼层里紧张地对峙着。因为缺乏玩耍的对象和足够的刺激，娜达感觉十分无聊。一个无法满足正常的玩耍活动或者（对一些未绝育的猫来说）没有性表达出口的"无菌"环境，不仅会导致猫过度梳理，还会导致其自慰、强迫地在食盆或猫砂盆的外面挖洞，以及在玩耍中出现极端攻击性行为。[1]

另一只存在过度梳理问题的猫是叫卡拉梅格的橙色虎斑猫，它的主人帕特里斯最初来找我是因为简单的猫砂盆使用问题。但在我们的交谈中，该主人提到，他们全家去夏威夷享受三周假期时，把卡拉梅格留在了家里，让宠物保姆代为照顾，她说："我们回家时，它看起来很好。"

但是在当天晚上，帕特里斯在床上看报纸时发现了异常。"我记得我看报纸的时候，总是听见它舔毛的声音，我一放下报纸，它就停下，但我再一拿起报纸，它又会继续舔毛。最后，我的丈夫把它抱到了怀里才发现，它肚子上的毛都快被舔没了。"

我经常遇见一些咨询者，原本是来咨询别的问题，在咨询中才意识到他们的猫有过度梳理的问题。当我询问客户，他们的猫身上是否少了一点毛，或者肚子上只有一层薄薄的绒毛时，我听到的"是"比你想象的更多，但他们通常认为这是猫的天性，因此并不在意，而且他们也没有标准来确定是不是"过度"梳理。一些主人甚至没有意识到猫的肚子上应该有毛。当我给他们解释这是过度梳理的表现后，许多主人都很震惊，他们很难相信自己的爱猫正处于某种压力之中。

比如，帕特里斯就坚持认为卡拉梅格不可能有任何压力，他们去夏威夷期间，家里的宠物保姆一直在照顾它，陪它玩耍，给它需要的一切。进一步调查后，我了解到宠物保姆在照顾卡拉梅格时，带着她新养的宠物狗，一只德国短毛猎犬，它很可能就是卡拉梅格压力的来源。猫的压力可能会因为认知冲突而加剧——既想把狗从它最喜爱的沙发上赶走，又因为害怕狗而想避开那个地方。

我给帕特里斯推荐了我为其他所有猫出现过度梳理行为的主人制订的计划。使用这个方法后，卡拉梅格的行为很快得到了改善，这可能与它形成强迫行为的时间不长有关。然而，对于其他猫来说，可能需要更长的时间才能改变。

针对过度梳理（心因性脱毛）的C.A.T.计划

终止不愿见到的行为

迅速行动

过度梳理是一件很严重的事情。你拖延的时间越长，就越难消除它。

移除压力

首先，试着找出猫生活中的压力源，然后才能移除或至少减少它们。你可能需要花一些时间去调查，这非常重要，可参见第三、四、五章。其次，当猫做出强迫行为时，确保你没有用训斥（或任何其他形式的关注）来强化巩固它的行为。

如果你仍然没有找到或无法消除压力源，可能需要向专业的猫行为学专家寻求帮助，他们可以帮助你识别导致猫焦虑的压力源，或教你如何通过行为纠正技术来帮助你处理任何无法从环境中消除的压力源。他们也可能会建议你咨询兽医进行药物治疗。

对传统建议的提醒

你可能经常听到这类建议：把猫关在笼子里，或者给它戴上伊丽莎白项圈，这样它就不会过度梳理了。但这两种方法都只能暂时解决问题，治标不治本。闭塞的空间或佩戴项圈甚至可能加剧它的焦虑，使得之后的强迫行为更为严重。兽医行为学家卡伦·奥法尔博士认为佩戴项圈的行为逻辑与19世纪用束缚装置来约束想要离婚的妇女是一样的。[2]

避免强化行为

在猫过度梳理时，你不要对它有任何形式的关注，无论是积极还是消极的关注。当它过度梳理时，爱抚它，和它说话，试图安慰它，都会强化它的行为；而训斥可能会给它制造更多的压力，并加剧过度梳理行为。

诱导猫形成新的行为

提供游戏治疗

如果你看见猫有做出强迫行为的迹象，给它一个玩具来转移它的注意力，或者使用逗猫棒和它完成狩猎行为（见第五章）。一旦你的猫开始了强迫行为，立即停止或避免和它玩耍，否则可能强化它的这一行为。和你的猫玩耍可以释放它被压抑的情绪，增强它的自信心。你应该每天陪它进行两次狩猎行为。

尝试响片训练

在猫做出正向、积极的行为时，点按响片并立即给出零食奖励，让它不再埋头于过度梳理，缓解它的压力和紧张（详见附录A中的响片训练）。

改造领地

尽量减少压力，减少被压抑的情绪，增加各种刺激，让猫的大脑思考其他事情，而不是专注于过度梳理。能让猫减轻压力的方式和物品包括：使用信息素；让猫自由采食，或使用益智食盆；搭建猫爬架和猫隧道；放置鱼缸，播放给猫看的视频，在外面安装鸟喂食器等；装有猫薄荷和玩具的敞口盒子；能够让猫爬上去或看到窗外的猫爬架、窗台等。我推荐增加频繁互动的游戏环节，电动玩具是一个增强猫脑力活动的不错选择。确保每天更换玩具类型和位置，给猫的环境带来一些新奇的元素（第五章我们详细介绍了如何创造刺激的、无压力的环境）。

如果你的猫容易在一个或多个特定的地方表现强迫行为，在确保不会增加它的压力的前提下，尝试让它远离这些地方。

吮吸和咀嚼毛发

小奶猫七周龄断奶前一直需要吮吸母乳，可以想见，小猫有着强大的吮吸欲望。断奶期后，母猫会逐渐拒绝给幼猫哺乳，但幼猫们仍会寻求安慰和吃奶，直到六月龄大，在这个过程中幼猫们吮吸的冲动逐渐消退。但是，若断奶时间过早或断奶过于突然，小猫可能会寻找类似母猫乳头的替代物继续吮吸。得不到母猫乳头的小奶猫，就像失去妈妈、奶瓶和奶嘴的人类婴儿，这会让小猫形成各类强迫行为。其中最主要的就是口欲行为异常，人类医学中也将其称为"口欲滞留"。猫成年后可能会尝试吮吸或咀嚼与它小时候吮吸过的物品类似的东西。这虽然不奇怪，但也不正常。

营养不良也可能导致强迫性的口欲行为，吮吸习惯不戒断就与营养不良有关。吮吸延长是指由于压力和营养缺乏，小猫开始去吮吸一些错误的目标。它们可能会去吮吸家里其他小猫、主人、狗或其他动物的身体，甚至自己的身体，尾巴、外阴或阴囊等也可能成为它们的吮吸目标。吮吸延长可能最终演变为吮吸毛发，这是幼猫自然吃奶行为的另一种强迫行为形式。

如上所述，成年猫吮吸和咀嚼毛发（后文简称吮吸毛发）可能是由压力、分离焦虑、无聊、冲突或挫折引起的。吮吸毛发也可能与遗传因素有关。大多数出现这种行为问题的猫都是纯种或混血的东方品种猫，如暹猫罗或缅甸猫。[3] 但我几乎在每种猫身上都见到过这种情况。

普通的吮吸毛发行为可能不足为惧，但是若它对你的衣物、家具等贵重物品造成破坏时，则需要引起重视。如若啃咬电线或吃进塑料等物品，也可能危害猫的健康。严重时，吃下去的异物可能会造成猫肠梗阻，需要手术，甚至会导致猫的死亡。正如尼古拉斯·多德曼博士所说："与这种嗜毛团如命的猫一起生活就像和一只 10 磅重的飞蛾生活在一起。"[4]

对传统看法的提醒

与传统的看法相反，吮吸毛发这一行为不是单指吮吸羊毛或动物毛！猫会吮吸或咀嚼许多毛织物，包括动物毛（93%）、棉花（64%）、地毯（53%），以及合成材料，如橡胶和塑料（22%）、纸和纸板（8%）等。[5] 它们甚至会吮吸自己、主人或其他动物的毛发。（因为许多猫吮吸的材料不止一种，因此这些百分比加起来远远超过了 100%。）

吮吸毛发的行为通常会随着时间的推移而消失，但它可能会在猫压力大的时候再次出现，类似人的"口欲滞留"这种异常行为。下一次，你可以在堵车的时候观察一下，有的人可能会咬指甲或用手指缠头发，这也是一种"口欲滞留"。

异食癖

令人高兴的是，大多数有吮吸毛发行为的猫不会发展到咀嚼并进食异物的地步（但为以防万一，我依旧建议你执行下面的计划来及时纠正猫的行为）。当吮吸毛发发展到咀嚼并进食异物的程度时，就被称为异食癖，其原因与"口欲滞留"相似。

为了解决这些口欲滞留问题，重要的是找出猫出现这些问题的原因。除了前面描述的诸多原因之外，单纯的饥饿因素也可能导致猫出现异食癖。有时你可能很难找出并消除确切的原因，但本章的 C.A.T. 计划仍然能让你有效处理这个问题。

医学预警：吮吸毛发，咀嚼毛发，异食癖

让兽医彻底检查你的猫，确保它的行为不是由健康问题引起的。与之相关的疾病包括传染病、代谢性疾病以及神经系统性疾病，例如犬瘟热、肝炎、蜱虫传播的莱姆病、癫痫和椎间盘疾病等。饮食失调也会导致异食癖，这种情况最好送医治疗。

确保猫得到足量和多样的饮食（见第五章的建议），并且及时就医。

在任何情况下你都不应该给猫拔牙。这不但很残忍，而且也不会从根本上解决问题，反而可能使情况更糟。因为，猫可能在没有牙齿咀嚼的情况下，生吞下异物，这对它来说是非常危险的行为。

针对吮吸毛发和异食癖的C.A.T.计划

终止不愿见到的行为

消除压力源

仔细观察猫所处的环境，消除或减少任何引发压力的因素（见第三章、第四章和第七章）。其他的压力源包括家里的另外一只猫、外面的猫、分离焦虑、无聊、引起猫焦虑和害怕的访客，以及你的日程或猫的日程安排的改变等。

在饮食中添加干粮

如果一只幼猫患有异食癖，那它可能是正在长牙。如果你在它长牙阶段只喂湿粮，那就应该补充一些干粮让它咀嚼，这有助于它长牙，否则它可能会啃咬一些硬物以缓解长牙时牙龈的疼痛。一些成年猫也可能渴望咀嚼干粮，加入适量干粮已经被证实可以

减少或消除猫的吮吸毛发或异食行为。

增加喂食的频率，或者让它们自由采食，也可能有助于降低它们对异物的兴趣。

让异物变得难以接近或不具吸引力

如果你的猫正在咀嚼或摄入异物，最有效的解决办法可能就是把这些东西放在它够不到的地方。对于异食癖来说，这绝对是最有效的解决方案。

如果这种方式难以实现，你可以尝试在这些异物上涂上苦味剂。一定要确保涂抹充分，否则可能达不到威慑的效果。在至少连续 30 天里，把这东西放在猫能找到的地方。你应该监视这个过程，确保苦味剂有效让猫不再啃食异物。如果一种产品不起作用，你可以尝试别的同类产品，直到找到一款对你的猫有效的产品。随着时间的推移，你的猫会逐渐停止吮吸毛发、咀嚼异物，因为它们太难吃了。

诱导猫形成新的行为

分散和转移注意力

如果你看见猫正在盯着一个准备咀嚼的潜在目标，给它一个玩具分散它的注意力，或者陪它完成一个狩猎行为。

为你的猫提供新颖的喂食方式，帮助它释放压力，用其他舒缓、有趣、刺激和舒服的行为来取代你不愿见到的行为。你可以在房子周围藏几小碗猫粮，或者在猫容易找到的地方放一些食物，或者提供益智食盆来激发它的觅食和狩猎本能。（你可能需要向它演示益智食盆的使用方法。）

提供替代品

参阅第五章，看看你的猫能吃哪些绿色植物。

调整饮食习惯

尽管猫的异常行为可能不是由于缺乏纤维素引起，但是研究表明，在猫的饮食中添加纤维素有助于减少猫吮吸和摄入毛发。可以咨询兽医额外补充纤维素的方法，比如有机南瓜罐头（而不是南瓜馅饼的馅儿）。如果兽医同意，你可以每天在猫的湿粮中加入四分之一到半茶匙南瓜罐头，或者直接把它放在盘子里，有些猫喜欢它的味道，会马上吃掉它。

高纤维饮食警告

许多客户来找我，说他们的猫在长时间食用高纤维减肥饮食后出现了异食癖。这可能是由于摄入纤维素过多、营养不足，导致猫对食物不满意，于是开始吃其他东西。

让猫自由采食

如果你的猫真的很饿，你也可以尝试让它在两餐之间自由采食，或增加每天的喂食次数。注意，只是少食多餐，不是增加食物总量，所以这并不会导致猫肥胖。如有需要，也可以使用定时喂食器。

尝试响片训练

响片训练可以帮助形成正向、积极的行为，并可以给你的猫带来激励、锻炼，并转移注意力，让它感到更自信和放松。

改造领地

为了缓解猫的压力并给猫创造一个充满刺激的环境，遵循前面提及的针对过度梳理C.A.T.计划中"改造领地"的建议，并回顾第五章的内容。

如果 30 天内，此 C.A.T. 计划对猫的强迫行为没有实质性改善，你可能需要咨询兽医并对猫进行药物治疗。

猫感觉过敏综合征

　　猫感觉过敏综合征也称为"皮肤抽动症"和"精神运动性癫痫"，临床通常表现为肌肉无意识收缩以及行为改变。患猫可能会突然做出过激的反应，就像看见了什么你看不到的东西，例如可能会突然在房间里面窜来窜去，甚至可能在一瞬间从平静变得异常凶猛。行为上，还会表现出抽搐、咬尾巴或咬腿等异常行为。没有人确切知道为什么会出现 FHS，但它可以表现为癫痫样行为，或许暗示其存在神经学基础，也可以表现得与本章之前提到的强迫行为类似，或二者都有。感觉过敏指对任何感官刺激的过度敏感，因为它经常被误认为是过度梳理行为，所以我放在这一章进行讨论，尽管这二者原因不同。

　　患 FSH 的猫临床表现过程大致如下。在某一刻，一只原本在平静休息的猫，皮肤突然开始抽搐或不停抖动。它可能会睁大眼睛，扭动自己，开始疯狂地梳理毛发，或者啃咬甚至攻击自己的后躯。它也可能突然跑起来，好像在试图摆脱自己。因为这种情况涉及高度的皮肤敏感性，一些猫为了寻求缓解而进行的过度自我梳理和咀嚼会导致脱毛，这就是为什么 FHS 有时会被误认为过度梳理。患有这种疾病的猫可能会表现得焦躁不安、过度发声或来回踱步。这些猫的背部会非常敏感，抚摸它的背部可能就会诱发 FHS。这种综合征的另一种表现方式是无端攻击，发作得快，去得也快。任何一种压力或不安都可能诱发 FHS。

治疗

　　如果你认为你的猫可能表现出了 FHS 的迹象，请一定要去宠物医院进行彻底的检查，然后咨询动物行为学专家。独自一人很难解决 FHS，所以我并没有制订有关FHS的C.A.T.计划。我能给到的建议就是，虽然FHS不是由于压力引起的，但是压力会再次诱发或加重FHS病情。因此，按上文提到的方法排解猫的压力，陪它玩足够长的时间。务必遵守第五章的环境指南。

在所有行为问题中，强迫行为可能是最需要药物治疗，并且药物治疗最有用的一类问题。对于过度梳理、吮吸毛发及其衍生的行为，以及FHS，你应该咨询兽医，使用精神药物来中断周期性引起猫强迫行为的心理触发因素。如果与本章介绍的行为矫正计划联合使用，能使药物治疗更加有效。

后记

"我不善言辞，但我说的是实话。"

——"莫格里的兄弟们"，《丛林之书》

最开始，我想成为在仙境中为我的猫举办茶话会的爱丽丝，但最后，我成了《丛林之书》中说真话的莫格里。我从小到大都在和各种动物打交道，用我朋友的话说，我要么是自己养活自己，要么是被动物养活。这话说得没错，除了 18~19 岁曾短暂地与动物分离，其余时间我都是和不同种类的动物朝夕相处。

我非常感谢与动物相处的童年时光。正是因为那段时光，我意识到动物并不能通过"大喊大叫"抑或"低声责骂"等方式来训诫它们，让其停止某种行为。在这些动物中，猫又是最为敏感的一类。成为一名"猫语者"的秘密，就是成为一个倾听者，学会倾听它们的诉求和欲望，并通过它们的眼睛看世界。

猫教会了我很多，包括很多关于人类的东西，尤其关于我自己。我希望这本书至少能够给你带来一小部分猫和其他动物带给我的东西。如果我的生命中没有它们，我永远也无法完全快乐。但我必须承认，我被宠坏了，因为除了少数短暂的例外，我只是通过他人间接经历了猫的行为问题。我自己养的六只猫完全没有问题，我完全有信心把它们带去参加红心皇后的槌球比赛或是伊丽莎白女王的茶话会。

你完全可能与你的猫和谐共处，生活得平静而满足。只需要你努力通过它们的眼睛观察你所处的世界，剩下的就会水到渠成。

响片训练

　　响片训练是一种基于奖励的、具有操作性的条件反射性训练系统，可以通过每天几分钟的重复训练，让你的猫养成良好行为。当猫做了你不愿见到的行为时，你不应无效地斥责它，而是应该用正向强化来促进你喜欢的行为。如果你想阻止它跳到柜台上，可以在它待在地上或猫爬架上时奖励它；如果两只经常争斗的猫在房间里互不打扰，使用响片训练来奖励这种行为；如果你的猫经常在走廊上攻击你，你可以在它不对你进行攻击时使用响片训练给予奖励。猫是经验学习型动物，它们会更频繁地执行能够带来回报的行为，或者去到能够得到回报的地点，而远离不愉快的地方。

　　响片训练究竟如何操作呢？简单来说，就是当你的猫做出了你认为恰当或符合你训练预期的行为时，你点击一下响片，并立即给它奖励，这个过程就是响片训练。猫在享受奖励时，听到了响片的声音，会意识到只有当它做出这种行为时响片才会响起，它才会获得奖励。响片训练可以让猫在积极行为、奖励以及响片声音之间建立联系，你可以非常准确地标记一个行为，即使在房间很远的地方，你也能够让猫有效执行指令。

响片训练起作用的唯一先决条件就是：你的猫必须喜欢你给的零食或食物。初步训练完成后，你还可以尝试其他奖励的效果，比如爱抚、刷牙、玩耍等。

响片训练将刺激猫的大脑，并防止因为无聊、无刺激的环境引发各种各样的行为问题。这也是建立猫的信心、与它玩耍、与它重建受损的关系、帮助它释放被压抑的身心能量（这对消除强迫行为特别有用）的好方法。响片训练可以增加你引入新猫或让两只猫重归于好的可能性，并且可以让充满野性的猫更加放松愉快，行动更能够被预测。如果家里要来一个新人，那就让这个人来做"响片训练"，可以让猫很快适应陌生人。

在几次训练之后，你可以逐渐要求猫做得更多，猫通常会试着做出不同行为，看看哪种行为能得到响声和奖励。如果你的猫喜欢在地板上打滚和伸懒腰，你可以用响片训练使它做出更多这种动作，甚至是翻滚。

我曾经训练过我的一只叫贾斯珀·穆福的猫，让它和我击掌。我的猫经常使用爪子，我只是用响片训练把这种常见行为塑造为击掌。因为它很喜欢梳毛，因此，每当它把爪子朝向我并抬离地面时候，我会立即按下响片，同时给它简单地梳理一下毛发。这个击掌行为已经持续了很多年。后来，一只名叫法尔西的小猫正好撞见了这个过程，也有模有样地模仿了起来。因为在它第一次这么做的时候我就按下响片并奖励了它，并在之后每次它用爪子触摸我的手时也进行响片训练，所以它很快学会了击掌。

你可能认为这些行为只是些小把戏，没有真正的价值。然而，响片训练不仅仅是在教它执行特定的指令，同时也是为你之后纠正猫的各类行为问题奠定宝贵的基础（让你更容易使用本书中的其他方法来消除你不希望看见的行为）。我的家庭就非常安静，没有出现任何问题。

你需要准备的物品如下：

• 响片，在大多数宠物店都能买到。我推荐选声音最柔和的响片。小一点的塑料响片通常能很好地与猫配合使用。如果你的猫不喜欢咔嗒声，你可以用胶带和棉球包裹响片来减弱声音。

• 能立刻拿到的、猫非常喜欢的、豌豆大小的零食或食物。你也可以把大块的食物掰成小块。在响片训练中，你的猫对这种食物具有强烈的食欲至关重要。你的猫越想得到食物奖励，训练就会进行得越顺利。如果你的猫不喜欢吃零食，你需要尝试不同的食物。罐头或品牌食品通常效果不错。但和往常一样，在给你的猫添加任何新食物之前，先询问一下你的兽医。如果你的猫自由采食，那么在你训练前 3 小时，要把食物先藏起来，这样它才会对进食更感兴趣。特别说明：一些被认为不喜欢零食的挑剔小猫，其实可能是更喜欢从盘子或地板上采食，而不是从主人的手里。我发现，如果我把零食掉在地板上，然后在它们旁边拍来拍去，让它看起来像猎物，即使是最挑剔的猫，通常也会吃掉它。

• 你需要准备一个猫不会受到噪声或者其他动物干扰的安静房间，特别是训练刚开始时。有时候小浴室的效果最好。

步骤 1：对响片声音做出反应

你首先要让猫明白，响片的声音意味着什么，因为对猫来说，一开始，响片的声音只是一个声音，没有任何积极的意思或联想。但如果声音（次要强化刺激）之后紧接着奖励（主要强化刺激），你就是在告诉猫，咔嗒声是有一定的价值的。

把猫带到一个安静、封闭的空间里，点击一下响片，然后立刻给你的猫喜欢的食物或零食。按响片到给予奖励的间隔时间越短越好，时机就是一切。注意提前把零食或食物从袋子或口袋里掏出来。点击、奖励、点击、奖励……不断重复，零食对猫越具有吸引力，你的响片训练就越容易成功。同样，要确保零食只有小小一块——一块干麦片，一点小零食，或者一小份湿粮，每一份都是豌豆大小，太大块的食物会很快把你的猫喂饱，你的训练次数会因此减少很多。和你的猫重复几次这个训练活动。每次响片训练的时间只持续几分钟即可，如果你想，可每天训练多次。

最终，当你的猫一听到咔嗒声，就会去找食物或零食。当它开始这么做的时候，就意味着它开始把响片的声音和食物联系起来了。我训练我那些猫的时候，才点击了 4 次响片，就让它们形成了这种联系。每只猫都不一样，有的可能需要几天，你需要有足够的耐心才行。无论训练结果如何，都不要试图惩罚或训斥你的猫。

一旦你的猫对响片的声音做出了反应（期待食物奖励的出现），你就可以进行下一步了。

步骤 2：促进理想的行为

你现在可以开始用响片训练促进任何你想让猫重复的行为。如果它坐着，点击响片并奖励这个行为。如果它正在走向它的猫爬架，即使只是走了一两步，也要点击响片并奖励它，这些步骤会逐渐诱导猫做出你希望它做出的行为——抓猫抓柱或爬上猫爬架。任何向理想行为迈进一步的行为都值得点击响片和奖励。

响片训练是多方面的，可以变得更加细致和专业。我推荐卡伦·普赖尔写的一本书，叫《入门：猫的响片训练》。所以，和你的猫一起开始这个非常有益的训练活动吧。

纠正随地便溺的物料清单

建立这个清单是为了便于你不断地回顾，提醒自己如何合理放置猫砂盆。

终止

- 找出问题所在。

- 确保它不是在进行尿液标记（见第九章）。

- 向兽医咨询可能的健康问题。

- 用含酶清洁剂清洁污染区域。

- 检查你的猫后躯的毛发长度，并确保没有粪球。

- 打断并解决任何占主导地位的猫在猫砂盆附近的攻击或威胁问题（见第七章）。

- 有关排便相关的行为，排除粪便标记的可能。

- 将污染区与狩猎进食联系起来。

- 在污染区域完成狩猎行为。
- 把食物放在污染区（如果你和猫进行了狩猎行为，在狩猎之后放置）。
- 如果有许多被污染的区域，暂时封锁其中一些区域。
- 如果你不介意在污染区长期放置猫砂盆，可以在那里放一个。

诱导

猫砂盆的数量和位置

- 最少的猫砂盆数量＝（猫的数量或者楼层数）+1，情况严重时，可以在行为纠正期间增加一倍的猫砂盆。
- 把猫砂盆放在猫能观察它自己领地的地方。
- 将猫砂盆放置在通向以前污染区域的路上。
- 在多猫家庭中，将猫砂盆分散到各个区域，以增加猫通往猫砂盆的路径，减少其对重要资源的竞争，最大限度地减少一只猫阻止另一只猫使用猫砂盆的可能性。

但要避免以下情况

- 在洗衣房、浴室或其他拥挤或嘈杂的地方放置多个猫砂盆。
- 把猫砂盆放在外面的猫能够看到的地方，比如窗户下。
- 把猫砂盆放在不容易到达或隐蔽的地方，或远离家庭主要区域的地方。
- 把猫砂盆放在交通繁忙的地方。
- 把猫砂盆放在食物、水、床或栖息区域附近。
- 把猫砂盆嵌在墙壁或其他物体上，这会减少猫砂盆的出入口数量。

猫砂盆的类型（见第五章）

- 如果你使用的是自动清洁猫砂盆，最好再备上手动清洁的猫砂盆。
- 如果你用的是有盖猫砂盆，把盖子取下来。
- 确保猫砂盆很宽敞——长宽至少为 40 厘米与 50 厘米，高度为

13~18 厘米。

- 不要使用塑料衬垫。

猫砂盆卫生

- 在训练期间，前 30 天每天至少清洁两次，之后根据猫使用猫砂盆的频率和偏好每天至少清洁一次（但最好每天清洁两次）。
- 如果你的猫砂盆太旧了（通常使用 6 个月以上），塑料已经吸收了粪便、尿液或清洁剂的气味，那就换一个新的。

猫砂种类

- 检查猫砂是否太硬、太软、太小或太大。你的猫会有它自己的偏好，所以你可能要试验一下。
- 使用训练用猫砂 30 天，然后使用常规猫砂。
- 猫砂的铺设厚度一般为 5~8 厘米，不应过厚或过薄，每次铲走部分猫砂之后，记得及时补充。
- 除非你愿意每天铲两次或者经常彻底更换猫砂，最好避免使用颗粒猫砂。
- 避免使用纸制猫砂，因为它吸水性不好，大多数猫不喜欢潮湿的猫砂。
- 尽量选用无气味的猫砂，避免小猫讨厌，例如带松树气味或带有香味的猫砂。
- 我不建议用以玉米或小麦等食物为原料的猫砂，因为它可能会导致猫饮食和排泄欲望相冲突。

改造

- 无论白天黑夜，都要保持猫活动区域的光线充足。
- 减少压力。
- 提前计划，减少家里的变化带来的压力。例如增加新的猫爬架时，使用猫自己的或者合成信息素来吸引猫；当一个新婴儿即将到来时，让一个熟悉的人带着婴儿过来，并让猫适应婴儿。

- 避免重要资源的突然变化（例如改变食物或猫砂的牌子，改变食物或水的位置等）。

行为工具

为了确保你能收到最新的产品建议，请务必咨询www.catwhispe
rerproducts.com。经过审查，推荐的产品包括：

- 信息素（喷雾、插件和项圈）
- 自然疗法，如精油和花精
- 远程威慑器（包括户外威慑器）
- 逗猫棒
- 电动玩具
- 猫砂盆
- 常规猫砂
- 训练用猫砂
- 猫砂引诱剂
- 猫爬架
- 猫床

- 猫抓柱和猫抓板
- 猫粮
- 定时喂食器
- 自动猫砂盆（必要情况下才使用）
- 零食或奖励
- 益智食盆
- 猫隧道
- 猫监视器
- 防咀嚼苦味剂
- 猫外出用的背心、胸背带和牵引绳
- 流水喷泉

网站还提供以下链接：

- 不做猫去爪手术的兽医
- 为绝育献出时间的兽医

致谢

我要永远感谢我的写作经纪人米歇尔·布劳尔和编辑贝丝·拉什鲍姆，他们鼓励了我创作，并帮我解决了许多棘手的问题。同时，我也要感谢我的图书监制，真正的爱猫人士——詹尼弗·奥姆-欧文和斯图尔特·克拉斯诺，他们相信并支持我实现为世界各地猫主人提供帮助的梦想。我要感谢我在联合人才经纪公司的经纪人麦克斯·斯塔布菲尔德，以及约翰·巴比特。我要感谢我的儿子乔尔，感谢他每天忍受衣服和背包上的猫毛，感谢他理解我需要花时间写作这本书。亲爱的乔尔，你是一个真正的动物爱好者，有宽广的胸怀，我为你感到骄傲。

我要感谢泰德·德特曼和他的女儿阿斯特丽德，感谢他们为这本书画的猫咪插图。你们就是艺术家和缪斯，真的太有绘画天赋了。我非常感谢志同道合的朋友、猫迷霍莉·索伦森和她的俄罗斯家人布鲁、帕克，也感谢年轻的达芙妮·索伦森允许帕克为这本书出力。感谢我的摄影师里奥·拉姆和他的猫斯波蒂·多蒂（时尚界最受欢迎的猫），感谢你们为让人们更爱猫而付出的努力。

我要感谢所有的客户和富有同情心、勤奋工作的兽医，过去二十年里，我帮助他们并从他们那里学到了许多，感谢他们对我的信任。

我将永远感激英格·奇塔姆，一个真正的动物爱好者，我最忠实的粉丝和支持者，谢谢他对我的信任和爱，我将永远铭记在心。

最后，当然也是最重要的是，要感谢卡梅伦·鲍威尔，没有他，这本书就不会有现在这么好，感谢你对我与我梦想的肯定和支持。

前言

1. drug used for euthanasia Bonnie Beaver, *Feline Behavior: A Guide for Veterinarians,* 2nd edition, p. 20（City TK: Elsevier Science 2003）.

2. cats killed every year Beaver, p. 5（4 to 9 million are euthanized every year）, p. 131（70 percent of the 10 million in shelters are euthanized）. Borchelt, 1991; Sung and Crowell-Davis, 2006, Patronek et al., 1996（cited in Aileen Wong, *Management of Cats with Inappropriate Elimination*）.

3. 40 to 70 million homeless or feral cats news.nationalgeographic.com/news/2004/09/0907_040907_feralcats.html. In metro L.A. alone, estimates suggest that there are more than 2 *million* feral cats, as compared to only 45,000 dogs. See www.spay4la.org/pages/facts.html

4. relatively few homeless or stray dogs www.hsus.org/pets/issues_affecting_our_pets/pet_overpopulation_and_ownership_statistics/us_pet_owner_ship_statistics.html

5. precedes social maturity Karen Overall, source TK p. 11（CITY TK: PUB the, Year TK）. Note that cats also have extensive vocal and non-

vocal communication, and reach sexual maturity before they reach social maturity.

6. change their behavior when necessary Of the top ten reasons for pet relinquishment of dogs to shelters in the United States, only one is related to behavior (biting), and it is a relatively rare problem ranking ninth among reasons given. By contrast, cat behavior problems are not only more common numerically, but are more likely to be cited as the reason for cats being sent to shelters. Problems ranked first (too many cats and the problems they cause), seventh (soiling), and tenth (aggression) are among the most common reasons for relinquishment of cats, all of which are related to *preventable behavior*. Source: www.petpopulation.org/topten. html.

第一章

1. great learning and intellectual insight Richard Rudgley, *The Lost Civilizations of the Stone Age*, p. 109 (NY: Touchstone, 2000) .

2. history, psychology, and quantum physics Rudgley, p. 109.

3. and on this basis makes novel predictions Louis Liebenberg, *The Art of Tracking: The Origin of Science*, (CITY TK: PUB TK, 1990) .

4. complex mental operations with lightning speed Carlo Ginzburg, "Clues: Roots of an Evidential Paradigm", in *Myths, Emblems and Clues*, trans. John and Anne C. Tedeschi pp. 96–125 (London: Hutchinson Radius, 1990) .

5.psychological health than non-owners: TK.

6. hunger, pain, or loneliness Beaver, p. 139.

7. cats are almost pure emotion Jeffrey Moussaieff Masson, *The Nine Emotional Lives of Cats: A Journey into the Feline The Heart* TK (NY: Random House, 2002) .

第二章

1. can elicit more aggression. "If You're Aggressive, Your Dog Will Be Too, Says Veterinary Study," *ScienceDaily*, University of Pennsylvania (February 18, 2009). Retrieved August 2, 2009, from www.sciencedaily. com/ releases/2009/02/090217141540.htm. The study also examined the results gotten by dog owners who, often violently, played alpha with their dogs, as popularized by "TV, books and punishment-based training advocates. They often elicited "an aggressive response from at least 25 percent of the dogs on which they were attempted."

2. Dr. Overall states that "in the case of the dominantly aggressive dog, it is known that such dogs dislike being stared at, dislike being physically reprimanded, and become more aggressive if they are reprimanded or physically forced to do something (such as lie down or move from a piece of furniture)." Karen Overall, *Clinical Behavioral Medicine in Small Animals* p. 3 (CITY TK: Mosby, 1997).

第三章

1. "Cats refused to play this game" Stephen Budiansky, *The Character of Cats*, p. 16 (NY: Penguin Group, 2002)(emphasis in original).

2. their incomplete domestication Beaver, p. 4.

3. their ancestors lived Dennis C. Turner and Patrick Bateson, *The Domestic Cat: The Biology of Its Behaviour*, 2nd ed., p. 230 (Cambridge University Press, 2000).

4. even sabertooth cat "Extinct Sabertooth Cats Were Social, Found Strength In Numbers, Study Shows," *ScienceDaily*, University of California— Los Angeles (October 31, 2008). Retrieved August 1, 2009, from www. sciencedaily.com/releases/2008/10/081031102304.htm.

5. completely absent in wolves Miklósi Á., Polgárdi R., Topál J., and Csányi V., "Use of Experimenter-given Cues in Dogs," *Animal Cognition*. 1998;1:113–121; Gacsi M., Miklósi À., Varga O., Topál J., Csányi V., "Are

Readers of Our Face Readers of Our Minds? Dogs (*Canis familiaris*) Show Situation-Dependent Recognition of Humans' Attention." *Animal Cognition*, 2004; 7:144–153.

6. natural warfare against the rats James A. Serpell, "Domestication and History of the Cat," in Turner and Bateson, p. 180.

7. demanding your undivided attention Serpell quoting Reay Smithers in Turner and Bateson, p. 180.

8. the lion and leopard MacDonald, Yamaguchi, and Kerby, "Group-living in the Domestic Cat: Its Sociobiology and Epidemiology," in Bateson, p. 105.

9. before six months of age Beaver, p. 219.

10. says Dr. Bonnie Beaver Beaver, p. 11.

11. their distinctive coloring Overall, p. 52.

12. more probably won't help Dennis C. Turner, "The Human-cat Relationship" in Turner and Bateson, p. 196.

13. after watching its companions Beaver, p. 67.

14. it's about 70 percent Beaver, p. 5.

第四章

1. significance in the cat-owner relationship Jon Bowen and Sarah Heath, *Behaviour Problems in Small Animals: Practical Advice for the Veterinary Team*,p. 30 (City TK: Elsevier Saunders, 2005) .

2. the scents into one group scent of social facilitators, cliques, and group scents Bowen and Heath, *Behaviour Problems*, pp. 29–30, 198.

第五章

1. more likely to kill birds than cats are Beaver, p. 219.

2. evolved to eat that way Beaver, p. 220.

3. satisfaction with their litter box Cottman and Dodman (2007) .

第六章

1. rates of around 75 to 90 percent Overall, p. 174.
2. spraying at rates of 75 to 95 percent. Overall, p. 175. However, medication can be useful in getting the spraying to stop while the owner has a chance to make the critical changes to the cat's environment and get all the urine cleaned up once and for all.

第七章

1. treatment that caused it distress Budiansky, p. 186.
2. medications like corticoids and progestogens Beata, "Understanding Feline Behavior."
3. just to keep the population stable Beaver, p. 4.
4. and digging of gardens Overall, p. 5.
5. 40 percent after a few months Budiansky, p. 75.
6. the central nervous system Some studies suggest, unpersuasively to my mind, that play in cats has no evolutionary adaptation or maturational purpose.
7. conditioned to violence by their owners Plataforma SINC (May 1, 2009), "Dogs Are Aggressive if They Are Trained Badly," *ScienceDaily*, Retrieved August 2, 2009, from www.sciencedaily.com./releases/2009/04/090424114315.htm.
8. the initial context is forgotten Stefanie Schwartz, "Cat Fights: Aggres-sion Between Housemates," January 1, 2002, www.iKnowledgenow.com.
9. kicking ferociously at the toy I'm grateful to Sarah Hartwell for her lucid description of the defensive postures in her article "Cat Communication and Language," at www. petpeoplesplace. com/resources/articles/cats/27-cat- communication-language.htm.

第八章

1. less than one per day Beaver 251.

2. have medical problems Beaver, p. 259.

3. Too-Frequent Urination *see* Beaver, p. 11.

4. one hundred times more sensitive than ours Stefanie Schwartz, "Litter Training Your Kitten or Cat," January 1, 2002, www.iknowledgenow.com.

第九章

1. poor interactions with their owners（6 percent）Beaver, p. 255.

2. and females four to six Beaver, pp. 251, 118; Overall, p. 74.

3. observed to act as a deterrent Bradshaw and Cameron-Beaumont, "The Signalling Repertoire of the Domestic Cat and Its Undomesticated Relatives," in Turner and Bateson, p. 85.

4. behavior about 90 percent of the time Curtis, citing Hart and Barrett, 1973; Paws and Claws, February 10, 2009.

5. middening in 33 to 52 percent of households Gary Landsberg, "Why Practitioners Should Feel Comfortable with Pheromones—the Evidence to Support Pheromone Use," p. 2（paper presented at the North American Veterinary Conference, January 7, 2006）, accessible at www.iknowledge. com.

第十一章

1. the cats scratched furniture See Beaver, p. 234; Overall, p. 251（citing Morgan and Houpt [1990]）.

2. a fancy claw trim Overall, p. 253.

3. the pain will emerge Nicholas Dodman, *The Cat Who Cried for Help*（NY: Bantam Books, 1999）.

4. almost 20 percent after the cat's release Karen Swalec Tobias, "Feline Onychectomy at a Teaching Institution: A Retrospective Study of 163 Cases," *Veterinary Surgery*, July–August 1994, 23（4）:274–80.

5. or surrendered to shelters See cats.about.com/od/declawing/f/uslaws.htm, accessed September 23, 2009.

第十二章

1. extremes in play behavior: Beaver, p. 75.

2. nineteenth century, wanted divorces Overall, p. 225.

3. like Siamese or Burmese Beaver, p. 229.

4. living with a 10-pound moth Nicholas Dodman, "Wool Sucking," www. petplace.com/cats/wool-sucking/page1.aspx, accessed August 29, 2008.

5. paper or cardboard（8 percent）Beaver, p. 229.